异形钢管混凝土柱-钢梁节点抗震性能研究

Study on Seismic Behavior of
Special-Shaped Concrete-Filled Steel Tubular Column to
Steel Beam Connections

殷晓三　潘洪科　著

化学工业出版社

·北京·

内容简介

本书系统研究异形钢管混凝土柱-钢梁节点的抗震性能与承载机理，聚焦L形与十字形截面，创新提出盖板式外加强环与侧板连接构造。通过精细化有限元模拟、参数化分析与理论推导，揭示构造参数对节点滞回、延性、耗能及破坏模式的影响规律，建立弯剪极限承载力计算公式，为装配式钢结构住宅节点设计提供“试验-模拟-理论”闭环技术支撑。

本书可作为土木工程专业相关科研工作人员、研究生的理论读物，也可供工程结构设计院工作人员阅读参考。

图书在版编目（CIP）数据

异形钢管混凝土柱-钢梁节点抗震性能研究 / 殷晓三，潘洪科著. -- 北京 ：化学工业出版社，2025. 9.
ISBN 978-7-122-49158-9

Ⅰ. TU375. 3

中国国家版本馆 CIP 数据核字第 2025LJ9034 号

责任编辑：李旺鹏　　加工编辑：冯国庆
责任校对：李露洁　　装帧设计：刘丽华

出版发行：化学工业出版社
（北京市东城区青年湖南街 13 号　邮政编码 100011）
印　　装：北京建宏印刷有限公司
710mm×1000mm　1/16　印张 11½　字数 201 千字
2026 年 1 月北京第 1 版第 1 次印刷

购书咨询：010-64518888　　售后服务：010-64518899
网　　址：http://www.cip.com.cn
凡购买本书，如有缺损质量问题，本社销售中心负责调换。

定　　价：98.00 元

前言

本书围绕异形钢管混凝土柱-钢梁节点在现代装配式钢结构住宅中的抗震性能与承载机理展开系统研究，旨在回应我国城乡建设绿色转型对“强节点、弱构件”设计原则的迫切需求。全书以L形与十字形两种典型异形截面为主线，分别构建了盖板式外加强环节点与侧板连接节点两类创新构造，通过精细化有限元模拟与多维度参数分析，揭示了构造形式、几何尺度、材料强度及轴压水平对节点滞回特性、延性发展、刚度退化与能量耗散的影响规律。研究内容层层递进：首先，基于ABAQUS平台建立三维实体-壳单元耦合模型，引入混凝土塑性损伤本构与钢材混合强化准则，完整再现了节点在低周往复荷载下的损伤演化全过程；继而，以外包钢管厚度、外加强环尺寸、钢梁型号、长厚比及材料等级为变量，开展七类参数化研究，量化各因素对节点极限承载力与延性系数的贡献度，提出兼顾经济性与安全性的优化取值区间；随后，聚焦侧板构造在十字形柱节点中的传力机制，设计19组对比试件，从有无侧板、外伸长度、高度、厚度及轴压比五方面系统论证了侧板对塑性铰外移、核心区约束与耗能能力的调控效应；最后，将模拟结果升华为工程设计可用的承载力计算方法，基于屈服线理论与斜压杆模型分别推导弯、剪极限状态公式，并通过与试验及有限元结果的误差校核，验证了计算模型的工程适用性与规范嵌入潜力。全书在节点形式创新、破坏模式识别、参数敏感性挖掘及计算公式构建四个层面形成了闭环研究体系，为异形钢管混凝土柱-钢梁节点的标准化设计提供了从理论、模拟到公式的全链条技术支撑。

在方法论层面，本书坚持“试验-模拟-理论”三位一体的研究范式，充分发挥有限元技术在异形节点复杂受力机制解析中的优势，同时以现行规范为基准，确保研究成果的工程可移植性。针对盖板式外加强环节点，研究提出了以“盖板-外加强环-钢梁翼缘”三层次传力路径替代传统环板焊缝集中传力，将塑性铰由柱角外移至梁端拼接区，显著降低了节点核心区脆断风险；针对侧板连接节点，研究创新性地以侧板取代内隔板，通过侧板外伸段与柱壁形成闭合钢框，为核心混凝土提供三向约束，使斜压杆机制得以充分发挥，节点剪力由钢管腹板、核心混凝土及侧板三元件协同承担，实现了受力路径的可视化与可控化。尤为重要的是，本书将参数化分析结果嵌入承载力公式推导，引入混凝土强化系数、翼缘影响系数及套箍折减系数等关键参数，使公式在物理意义、计算精度与使用便捷性之间取得平衡。

全书主要由中原工学院殷晓三、新余学院潘洪科共同完成。本节得以顺利完成，离不开研究团队与合作单位的鼎力支持：硕士研究生岳洪亮自项目启动伊始即投入大量精力，承担了三维建模、材料本构模型验证、接触算法调试等烦琐而关键的技术工作，其严谨的态度与高效协作保证了海量计算任务的如期完成；实验室团队在模型验证阶段提供了宝贵的试验数据与现场经验，使有限元边界条件与加载制度得以真实复现工程场景；行业专家在多次技术研讨中给予的方向性建议，为节点构造优化与公式简化指明了路径。本书的出版还得到河南省自然科学基金（项目编号：242300420063）、河南省科技攻关项目（项目编号：25210232108）、江西省重点研发计划项目（20224BBG71024）和江西省教育厅科学技术研究重点项目的联合资助，四项基金不仅为研究提供了充足的计算资源与试验条件，更通过年度评估与中期检查机制，推动研究内容持续迭代、不断深化。

尽管著者秉持精益求精的态度，对模型假设、公式推导及图表数据进行了反复核验，但受限于个人水平与软件功能边界，书中仍可能存在疏漏或值得商榷之处。我们诚挚期待来自学术界与工程界的批评指正，并将以开放的心态吸纳各方意见，在后续研究中不断完善，使本书真正成为异形钢管混凝土节点领域兼具理论深度与工程应用的参考之作。

著　者

2025 年 8 月

目录

第 3 章　基于异形钢混混凝土柱理论的加固柱轴压性能有限元分析 // 028

第 4 章　新型盖板式外加强环 L 形钢管混凝土柱-钢梁节点有限元模拟与分析 // 048

第1章 绪论

1.1 研究背景

在当代中国城乡一体化发展进程中，具有国民经济支柱地位的建筑行业持续发挥着关键推动作用。然而，传统的现浇建筑模式正面临着一系列棘手的问题，这些问题严重制约着行业的可持续发展。传统现浇模式的能耗居高不下，其对混凝土和钢材的投入量之大，已位居全球首位，这不仅加剧了环境的污染，还造成了资源的浪费，同时，碳排放问题也日益凸显[1]。据统计，我国建筑业的年碳排放量位居全国总碳排放量的第二位，仅次于能源生产部门，而在建筑行业内部，间接碳排放的排放量更是各行业中最高的[2]。为了应对这些挑战，我国在“十四五”规划纲要中提出构建新型建筑工业化政策体系框架，推动智能建造技术集成创新、绿色低碳建材全生命周期应用以及钢结构住宅产业化协同发展[3]。

在这样的背景下，钢结构住宅以其独特的优势逐渐崭露头角，而钢管混凝土结构更是其中的佼佼者。相较于传统的钢筋混凝土结构，钢管混凝土结构充分融合了钢材和混凝土的特性。钢管为混凝土提供了强大的约束作用，使其处于三向受压的状态，不仅显著延缓了混凝土的开裂进程，还有效提高了其强度。同时，核心混凝土的存在也有效限制了钢管的局部屈曲和失稳现象，促使钢管能够经历更充分的塑性变形，实现了两者性能的最佳互补[4]。在施工过程中，钢管还可以作为核心混凝土的模板，这个特性减少了支模、拆模及绑扎钢筋等烦琐工序，极大提升了施工效率。此外，在火灾情况下，混凝土的高热容量有助于吸收热量，有效防止钢管在高温下的早期软化，而钢管的存在也保护了混凝土免受空气的直接接触，减缓了混凝土的碳化现象，从而提高了结构的耐久性[5]。

钢管混凝土柱-钢梁节点在建筑工程中对整体建筑的安全性、耐久性及经济性具有至关重要的影响。节点作为梁与柱连接的核心部分，肩负着有效传递弯矩和剪力的重任。框架结构体系中的连接节点在地震作用下尤为脆弱，节点的力学性能直接影响结构的整体安全性[6]。根据我国建筑结构抗震技术标准要求的“强节点、弱构件”设计理念，通过优化节点的设计，可以显著提升建筑结构的安全性和可靠性。合理的节点设计不仅能够有效分担和传递荷载，降低结构在地震等极端情况下的损伤风险，保障建筑物的整体稳定性，还能够提高施工效率和质量，降低建筑的总体成本和能耗[7,8]。

然而，传统的圆形或矩形钢管混凝土柱在实际应用中却存在一些局限性。例如，圆形钢管混凝土柱的构造复杂，尤其在电梯间和角柱等部位，圆弧形状显著突出，这不仅占用了室内空间，还影响了家具的布置，进而影响了住宅的观感和使用功能；矩形钢管混凝土柱则凸出墙体，同样对室内空间的利用和采光率造成了限制，难以满足现代居住建筑对内部空间的采光、利用率和美观的高要求，成为装配式钢结构住宅推广的主要障碍。而异形钢管混凝土柱（图 1.1）与墙体厚度相同，能有效避免柱角外露，满足空间使用需求，提升室内空间利用率，并充分发挥钢管混凝土结构的高承载力和良好变形性能等优势，因此在实际工程中的应用越来越广泛[9]。

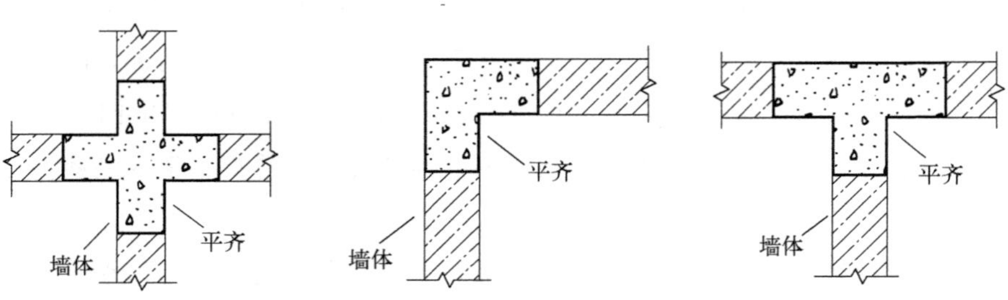

(a) L形　　(b) T形　　(c) 十字形

图 1.1　异形钢管混凝土柱截面形式

随着有限元模拟技术的进步，越来越多的学者开始利用有限元软件对节点的力学性能进行模拟分析，推动了节点研究和连接改进[10]。然而，现有研究仍未能完全满足实际工程的多样性需求，特别是在异形钢管混凝土柱-钢梁节点方面，研究相对不足。目前，异形钢管混凝土柱-钢梁节点的研究仍高度依赖试验，但试件昂贵、周期长，经费有限导致样本不足；加载边界、仪器精度与操作水平差异又引入额外误差，致使多参数力学性能难以系统评估。因此，构建高效、精确且经济的复合研究体系已成当务之急，对该类节点的深入探索尤为迫切。

本书提出的盖板式外加强环 L 形钢管混凝土柱-钢梁节点，通过系统创新解决了异形节点抗震性能弱的技术难题，具有重要的理论意义和实际意义。

(1) 理论意义

通过对新型盖板式外加强环 L 形钢管混凝土柱-钢梁节点进行系统的数值模拟研究，可以深入探究其在低周往复荷载下的受力机理、破坏模式、滞回特性、刚度退化规律以及耗能能力等力学性能，进一步丰富和完善异形钢管混凝土柱-钢梁节点的理论基础，为相关规范和设计手册的编制提供理论依据，弥补现有研究在异形节点方面的不足。

基于 ABAQUS 有限元软件建立新型节点模型，并引入修正的混凝土损伤本构与钢梁断裂准则，实现了节点在低周往复荷载下损伤演化与失效机理的模拟。这个过程不仅为类似节点的研究提供了一种有效的数值模拟方法，而且通过对比滞回曲线、破坏模式与应力分布来验证模型的可靠性，有助于提高数值模拟在节点研究中的准确性和可信度，为后续更复杂的节点研究和分析提供了可靠的工具和方法。

(2) 实际意义

通过数值模拟分析，可以明确新型盖板式外加强环 L 形钢管混凝土柱-钢梁节点在不同工况下的力学行为和薄弱环节，从而有针对性地提出节点优化设计措施。例如，优化外加强环的几何参数与盖板厚度，显著提升节点的整体刚度与耗能能力，解决传统异形柱-钢梁节点连接薄弱、抗震性能不足的问题，为实际工程中节点的抗震设计提供科学指导，提高钢结构住宅在地震等极端情况下的安全性和可靠性，保障人民生命财产安全。

新型盖板式外加强环 L 形钢管混凝土柱-钢梁节点的研究和应用有助于推动钢结构住宅的发展。钢结构住宅具有施工效率高、质量好、环境污染小等优点，能够有效减少传统现浇模式下的能耗、资源浪费和碳排放问题，符合我国绿色建筑和可持续发展的战略要求。通过优化节点设计，提高节点的承载能力和抗震性能，可以进一步扩大钢结构住宅的应用范围，促进我国建筑业向绿色、节能、环保方向转型升级。

本书为实际工程提供了具体的设计参数和优化方案，使其在满足抗震要求的同时，具有更强的经济性和实用性。通过科学减轻建筑自重，在提升结构稳定性和安全系数的同时，可有效实现建材成本节约。工程实践表明，合理的轻量化设计能使施工周期缩短，并显著提升装配式作业效率。为钢结构住宅体系突破了传统重量限制，使其在高层建筑、大跨度空间等领域的应用拓展了市场空间。

1.2 国内外研究现状

1.2.1 圆形钢管混凝土柱-钢梁节点

圆形钢管混凝土柱-钢梁节点作为钢管混凝土结构体系的重要组成部分，其抗震性能研究已取得显著进展。早期研究主要集中于不同节点构造形式的抗震性能比较，例如，M. Ansari 等[11] 通过有限元模拟发现，贯通式节点相比焊接式节点展现出更优越的抗震性能，这主要得益于贯通式构造能够有效外移塑性铰位置，从而提升节点的极限弯矩承载能力。杨红等[12] 的试验研究进一步证实了外加强环对圆形钢管混凝土柱-钢梁节点性能的提升作用。研究表明，增设外加强环可以有效解决柱钢管在节点区域的不连续问题，显著增强节点的整体性和力学性能。陈扬博等[13] 则通过试验验证了外加强环式栓接刚接节点的有效性，其塑性耗能能力可达全焊接刚接节点的 80%以上，这为工程应用提供了更具灵活性的连接方式。

随着研究的深入，学者们开始关注节点在复杂环境下的性能表现。如 Han 等[14] 针对圆形钢管混凝土柱-钢梁螺栓锚固连接节点，开展了火灾后抗震性能的试验与有限元分析。该研究创新性地定义了剩余强度指标和刚度指标，用于量化评估节点在火灾后的抗震性能退化程度，并提出了简化的火灾滞回关系模型，为火灾后结构的评估与加固提供了理论依据。王静峰等[15] 以中空夹层圆形钢管混凝土柱节点为研究对象，通过低周往复加载试验对比了外伸端板与平齐端板两种连接形式的力学性能。试验数据表明，外伸端板节点在极限承载力指标上较平齐端板节点提升较大，其能量耗散系数亦具有显著优势。该研究进一步探明柱体截面空芯比对节点力学行为的作用机制，为优化夹层柱结构设计参数建立了理论依据。

近年来，学者们进一步探索了节点构造参数的优化设计。如鲍宇等[16] 通过有限元参数化分析，系统研究了复式圆形钢管混凝土柱-外加强环式连接节点的力学性能。研究表明，提高翼缘宽厚比可以有效提升节点的变形能力、极限承载力和屈服荷载，尤其是在大位移工况下，翼缘宽厚比对节点耗能能力的影响更为显著。该研究为外加强环节点的优化设计提供了量化指标。卜永红等[17] 提出了一种单边螺栓连接的套筒加强式节点，并通过试验验证了其优越的抗震性能。该节点有效避免了传统螺栓连接中常见的螺栓松弛、断裂以及焊缝开裂等问题，显著提高了节点的强度和刚度，实现了从半刚性连接到刚性连接的转变，为高层建筑和抗震设防要求高的地区提供了更可靠的连接解决方案。

1.2.2 矩形钢管混凝土柱-钢梁节点

矩形钢管混凝土柱-钢梁节点因其规则的截面形式和便捷的施工工艺，在实际工程中得到了广泛应用，其抗震性能研究也取得了丰硕的成果。如 Ding 等[18] 通过试验研究了贯通式加劲肋连接矩形钢管混凝土柱与钢梁的节点性能，结果表明，该节点形式展现出良好的延性、刚度退化特性和承载能力，验证了贯通式加劲肋在提升节点性能方面的有效性。Choi 等[19] 提出了一种改进的节点构造，即在钢管内焊接交叉隔板，并在翼缘下部设置加劲板或垂直板。试验结果表明，这种不对称隔板加固形式可以有效缓解梁的底弯压力传递问题，显著改善钢梁的变形集中和应力集中现象，从而提升节点的整体抗震性能。

在节点连接形式方面，林樱等[20] 研究了贯通式穿心板连接钢管混凝土梁柱节点，试验与数值模拟结果表明，设置加强板可以使节点成为刚性连接，可以使塑性铰外移，并提高了节点的刚度和承载力。张玉芬等[21] 提出了一种半贯通式连接方式，研究表明，半穿心腹板作为主要传力构件，能实现节点的较强承载能力和抗拉刚度，半穿心翼缘能有效传递梁柱之间的拉力，这种连接方式兼顾了承载力和施工便利性。Li 等[22] 通过低周往复荷载试验验证了矩形钢管混凝土柱-贯通式钢梁节点的良好抗震性能，为该类节点的工程应用提供了试验依据。

为了进一步提升节点性能，学者们开展了大量的参数化研究和构造优化。Md 等[23] 提出了一种组合连接方式，即在连接主梁时采用贯通式穿心板连接钢管混凝土柱，而在连接次梁时采用半通板。试验研究表明，该节点表现出半刚性行为，在地震条件下具有良好的抗震性能，并且该连接方式也适用于复合柱。李凯璇等[24] 通过有限元参数化分析和理论分析相结合的方法，系统研究了悬臂段长度、加强环板长厚比、加劲肋宽厚比等参数对矩形钢管混凝土柱增设加劲节点抗震性能的影响，通过提出抗剪承载力计算方法为节点的设计提供了理论依据。

针对高轴压比下的节点性能，吴海亮等[25] 开展了试验研究，结果表明，高轴压比会导致外环板与钢管柱焊缝断裂风险增加，同时节点的初始刚度和刚度退化速率会增大，加速了节点的破坏。该研究为高轴压比条件下节点的设计提供了警示。徐培蓁等[26] 研究了矩形梁柱外加强环式节点的抗震性能，试验结果表明，节点具有较好的抗倒塌和耗能能力，并且轴压比对抗震性能的影响比含钢率的影响更显著。Ben 等[27] 提出了一种不对称深度式外加强环梁柱连接形式，试验结果表明，该节点具有良好的抗震性能，适用于不等跨度的建筑结构，并且梁深比对梁翼缘屈服强度和极限剪切强度具有重要影响，为复杂建筑结构的节点设计提供了新思路。

在节点构造细节方面，孙香红等[28] 通过盖板设计有效改善了加强环应力集中问题，从而提升节点的承载力和延性。该研究为外加强环节点的构造优化提供了有益参考。周健等[29] 研究发现，U 型钢梁设计使节点承载力随壁厚呈现显著正相关，壁厚每增 2mm，承载力提升 13%。

1.2.3 异形钢管混凝土柱-钢梁节点

相较于圆形和矩形钢管混凝土柱-钢梁节点，异形钢管混凝土柱-钢梁节点的研究起步较晚，但其独特的优势和应用潜力正逐渐受到重视。异形截面柱，如 L 形、T 形、十字形等，可以有效避免柱角外露，提高室内空间利用率，因此在现代建筑中具有广阔的应用前景。然而，异形节点的受力情况复杂，施工质量难以保证，这些问题一直是制约其工程应用的关键因素。

赵毅等[30] 利用有限元软件 ABAQUS，依据“强节点、弱构件”的设计原则，建立了一种新型侧板连接 L 形钢管混凝土柱-钢梁节点模型，分析了该类型节点在循环荷载作用下的抗震性能，结果表明该类型节点整体抗震性能较好。刘孝禹等[31] 对 T 形钢管混凝土柱-带楼板钢梁节点进行了低周往复荷载试验，总结了该类节点的破坏模式和抗震能力，并基于试验数据建立了三折线骨架曲线模型和恢复力模型，为节点设计提供了重要参考。程龙等[32] 依托 ABAQUS，对带侧板连接的 T 形钢管混凝土柱-钢梁组合节点展开抗震性能研究。系统评估轴压比、混凝土强度及侧板外伸长度等关键参数的影响规律，揭示节点极限承载力与侧板外伸长度呈显著正相关，其强化机理归因于侧板扩展优化弯矩传递路径。研究成果为异形钢管混凝土节点的延性设计及抗震构造优化提供了关键数据支撑。

近年来，随着异形钢管混凝土柱在工程中的广泛应用，异形钢管混凝土柱-钢梁节点的研究逐渐受到重视。如成宇等[33] 对钢管混凝土异形柱-U 形钢组合梁框架节点进行了抗震性能试验研究，分析了不同参数对节点性能的影响，并提出了节点设计方法。刘景琛等[34] 对异形钢管混凝土柱-工字钢梁框架节点进行了抗震性能试验研究，分析了节点的刚度、承载力、延性和耗能等抗震性能，并利用有限元软件 ABAQUS 对试件进行了模拟分析，为异形钢管混凝土柱-钢梁节点的工程应用提供了重要的理论依据和技术支持。车媛等[35] 研究设计了一种新型盖板式外加强环结构，应用于复式钢管混凝土柱与钢梁的连接节点。通过数值模拟方法，采用 ABAQUS 构建了包含 1 个常规外加强环节点及 12 个改进型节点的对比模型，实施了低周往复荷载试验的数值模拟。仿真结果表明，新型连接构造在滞回特性、耗能能力等抗震性能指标方面显著优于传统形式。该研究成果为复杂截面形式的钢管混凝土柱-钢梁连接系统的创新设计提供了理论依据和技术参考。刘学春等[36] 设计了L形钢管混凝土柱-H型钢梁全螺栓装配节点，通过改变盖板螺栓数量、加劲肋种类设计了4个节点，研究结果表明全螺栓梁柱节点变形能力强，这为异形钢管混凝土柱-钢梁节点的装配式施工提供了技术支撑。

针对L形钢管混凝土柱-钢梁节点，学者们也开展了系列研究。如王帅等[37] 通过有限元分析发现，采用侧板连接的L形节点抗震性能优于无侧板节点，组合框架结构在地震作用下的地震力和位移响应也更小。张继承等[38] 创新性地提出了一种外置加强环结构的L形钢管混凝土柱-钢梁连接节点构造，通过低周往复加载试验，系统考察了其抗震性能。试验数据分析表明，该新型节点体系具有优异的滞回特性和能量耗散能力。吴桐宇等[39] 提出了一种L形钢管混凝土柱-Z形钢梁装配式节点，试验与有限元分析结果表明，该节点的屈服变形均发生在钢梁上，具有良好的抗震性能。焦圣伦等[40] 通过在L形钢管混凝土柱内增设拉结板与加劲肋，显著提高了节点的刚度与承载力，其力学性能与抗震性能均优于外环板节点。白正仙等[41] 研究了翼缘加劲肋代替腹板间的连接板对Z字形钢梁节点抗震性能的影响。结果表明，增加翼缘加劲肋厚度和高度，能够显著提高节点的峰值荷载、滑移荷载和总耗能。叶晋源等[42] 提出了外套板式L形钢管混凝土柱-钢梁节点，试验研究发现该节点主要靠螺栓滑移和H型钢梁屈曲耗能，且增加外套板厚度能提升节点的耗能能力和延性。Ting等[43] 在梁柱连接处设置竖向加强板，使L形钢管混凝土梁柱节点两侧的抗弯承载力接近，提高了节点的整体性能。

T形钢管混凝土柱-钢梁节点的研究相对较少，但也有学者进行了初步探索。如刘记雄等[44] 基于L形角钢连接的梁柱节点试验研究表明，该连接形式展现出优异的能量耗散特性。研究数据表明，节点区域的角钢板件厚度与高强度紧固件规格参数对结构体系的极限承载性能和塑性变形能力具有显著影响。时继瑞等[45] 采用侧面连接板构造的钢管混凝土柱-钢梁节点，试验结果表明，该节点侧面连接板起到了预设的传力作用，但同时处于较为复杂的压弯或拉弯受力状态。吴一然等[46] 为研究全焊接与栓焊混接对钢管混凝土柱-钢梁节点抗震性能的影响，设计了两种腹板间的连接板式节点并进行试验研究，结果表明，栓焊混合节点的塞焊孔增量可有效改善界面应力分布，通过增强截面塑性变形能力使滞回环包络面积扩大，从而显著提升节点的耗能容量指标。郭建营等[47] 提出一种具备损伤可控特性且震后可修复的多腔室钢管混凝土梁柱连接节点。基于精细化数值模拟的研究表明，通过优化翼缘连接盖板的厚度参数配置，可有效引导结构塑性铰外移至预定耗能区域，从而在强震作用下维持节点核心区的结构完整性。该技术方案通过可控的局部屈服机制，实现了结构耗能与关键部位保护的双重目标，为装配式结构的震损修复提供了新的技术路径。赵毅等[48] 研发了一种侧板连接式钢管混凝土柱-钢梁节点结构，研究数据显示通过增设侧板构件，有效引导塑性铰在钢梁部位形成，成功实现梁铰耗能破坏模式，该结构在进入屈服阶段后展现出显著的能量耗散特性。薛建阳等[49]针对组合框架结构抗震损伤演化机理展开研究，采用多工况加载试验方法发现：在位移等幅循环荷载作用下，随着循环加载幅值的增加，框架节点累积损伤呈现加速发展趋势，基于此构建了改进型双参数损伤评估模型。

十字形钢管混凝土柱-钢梁节点的研究相对也较少，但已有初步成果。如何子奇等[50]通过构建多腔式十字形钢管混凝土柱-钢梁复合节点，结合试验与数值模拟揭示了该节点在核心区剪切破坏模式下的抗震优势。刁延松等[51] 创新采用Z字形悬臂梁连接体系，通过对比试验发现该节点较传统外隔板式节点在承载力方面提升，同时延性系数增加，能量耗散能力增强显著。程睿等[52] 研发的分离式内隔板连接节点试验表明，内隔板形式变异对极限承载力影响幅度小，但通过强化梁柱界面连接构造可使刚度退化率降低，并使节点耗能能力提升高。

尽管圆形和矩形钢管混凝土柱-钢梁节点的研究已较为深入，但异形钢管混凝土柱-钢梁节点的研究相对较少。现有研究主要集中在L形节点，通过有限元分析和试验验证了不同构造形式（如侧板连接、外加强环式、装配式等）的抗震性能，并发现优化节点连接构造（如增设拉结板与加劲肋）可显著提高节点的刚度与承载力。然而，研究范围仍有限，缺乏对不同节点类型的对比研究，理论计算方法尚不完善。

1.3 研究内容

本书聚焦异形钢管混凝土柱-钢梁节点的抗震性能与承载机理，系统研究了L形与十字形两种典型异形柱截面的节点构造形式。针对传统节点在地震作用下易出现的脆性破坏、应力集中和塑性铰外移不足等问题，分别提出并优化了盖板式外加强环节点与侧板连接节点两种新型构造方案。通过建立精细化的有限元模型，模拟节点在低周往复荷载作用下的全过程力学响应，深入揭示了构造形式、几何参数、材料性能等多因素对节点滞回特性、刚度退化、延性发展及能量耗散机制的影响规律，为异形柱-钢梁节点在装配式钢结构住宅中的应用提供了理论基础。

在L形钢管混凝土柱-钢梁节点研究中，本书重点分析了盖板式外加强环构造对节点抗震性能的调控作用。通过对比传统外加强环、外套钢管及端板螺栓连接等节点形式，探讨了盖板式构造在应力重分布、塑性铰外移及耗能能力提升方面的优势。之后本书进一步围绕外包钢管厚度、外加强环厚度与长度、钢梁截面形式、混凝土与钢材强度等级等关键参数展开参数化分析，明确了各项参数对节点承载力、延性及刚度退化的影响趋势，为节点设计的精细化控制提供了依据。本书还建立了基于组件法的抗弯承载力计算模型，将节点破坏模式与承载力理论计算相结合，验证了计算方法的可靠性，为工程设计提供了可直接应用的计算框架。

在十字形钢管混凝土柱-钢梁节点研究中，本书创新性地提出了侧板连接构造，以替代传统内隔板或外加强环节点，解决了异形柱节点施工复杂、空间受限的问题。通过设置侧板在节点核心区与梁端之间形成传力路径，有效实现了塑性铰外移，避免了柱角区域的脆性破坏。本书系统考察了侧板有无、外伸长度、高度、厚度以及轴压比等参数对节点抗震性能的影响，揭示了侧板在提升节点初始刚度、延缓强度退化、优化破坏模式等方面的积极作用。通过提取节点破坏过程中的应力演化路径与塑性发展特征，明确了侧板在弯矩与剪力传递中的协同工作机制，为节点构造的轻量化与装配化提供了新思路。

最后，基于两类异形柱节点的有限元模拟结果，本书分别建立了受弯与受剪承载力的理论计算模型。针对弯剪复合受力状态下的节点传力机制，引入屈服线理论与斜压杆模型，综合考虑钢管柱壁、侧板及核心混凝土的贡献，提出了适用于盖板式外加强环节点与侧板连接节点的极限承载力计算方法。通过对比理论计算与模拟结果，验证了计算模型的合理性与工程适用性。本书不仅为异形钢管混凝土柱-钢梁节点的抗震设计提供了系统理论支撑，也为装配式钢结构住宅中异形柱节点的标准化构造与规范化设计奠定了基础，推动了钢结构住宅向绿色、高效、安全方向发展。

参考文献

[1] 袁学良，杨月，盛雪柔，等. 碳达峰碳中和政策解析与对策建议 [J]. 山东大学学报（工学版），2023，53 (5)：132-141.

[2] 彭翔，徐毅敏，王利峰. 装配式建筑助力实现“双碳”目标的路径研究 [C]. 中冶建筑研究总院有限公司. 2022年工业建筑学术交流会论文集（下册），2022.

[3] 郝际平，孙晓岭，薛强，等. 绿色装配式钢结构建筑体系研究与应用 [J]. 工程力学，2017，34（2）：1-13.

[4] 雷敏，沈祖炎，李元齐，等. 异形钢管混凝土柱研究现状 [J]. 结构工程师，2013，29（8）：155-163.

[5] 龙跃凌，蔡健. 带约束拉杆矩形钢管混凝土研究与应用现状 [J]. 混凝土，2010，6（10）：117-120.

[6] 陈志华，闫翔宇，王亨，等. 方钢管混凝土柱新型节点和异形柱在住宅钢结构中的应用 [J]. 钢结构. 2007，22（10）：17-19，36.

[7] 蔡绍怀. 我国钢管混凝土结构技术的最新进展 [J]. 土木工程学报，1999，10（2）：16-26.

[8] 住房和城乡建设部. 建筑抗震设计规范：GB 50011—2010（2016年版）[S]. 北京：中国建筑工业出版社，2016.

[9] Wang Z，Zhou X，Wei F，et al. Performance of special-shaped concrete-filled square steel tube column under axial compression [J]. Advances in Civil Engineering，2020，20（3）：1-16.

[10] Yang W，Yang Y，Xu W，et al. Practical temperature calculation and fire-resistant design of special-shaped concrete-filled steel tubular columns [J]. Journal of Constructional Steel Research，2023，210（10）：10799237.

[11] Ansari M，Jeddi M Z，Badaruzzaman W H W，et al. A numerical investigation on the through rib stiffener beam to concrete-filled steel tube column connections subjected to cyclic loading [J]. Engineering Science and Technology，an International Journal，2024，30（2）：728-735.

[12] 杨红，余依瑾，康乐，等. 法兰连接钢管混凝土柱-钢梁外加强环节点受力性能研究 [J]. 建筑结构学报，2022，43（2）：157-172.

[13] 陈扬博. 钢管混凝土柱-钢梁外加强环螺栓连接节点性能研究 [D]. 长沙：中南大学，2022.

[14] LinHai Han，TianYi Song，Shuai Li. Post-fire seismic performance of concrete-filled steel tubular column to steel beam joints with blind-bolted connections：Experiment and simulation [J]. Engineering Science，an International Journal，2022，38（30）：283-301.

[15] 王静峰，郭翔，张娜，等. 单边螺栓连接圆中空夹层钢管混凝土柱节点拟静力试验研究 [J]. 合肥工业大学学报（自然科学版），2019，42（3）：1095-1101.

[16] 鲍宇，孙梦. 复式钢管混凝土柱-H型钢梁节点抗震性能有限元分析 [J]. 安徽建筑，2023，30（8）：71-72+91.

[17] 卜永红，赵均海，张冬芳，等. 套筒加强式圆形钢管混凝土柱-钢梁节点抗震性能试验[J]. 中国公路学报，2021，34（9）：110-122.

[18] Chenting Ding，Xuebei Pan，Yu Bai，et al. Prefabricated connection for steel beam and concrete-filled steel tube column [J]. Journal of Constructional Steel Research，2021，32（3）：162-178.

[19] SungMo Choi，SuHee Park，YeoSang Yun，et al. A study on the seismic performance of concrete-filled square steel tube column-to-beam connections reinforced with asymmetric lower diaphragms [J]. Journal of Constructional Steel Research，2022，33（4）：182-202.

[20] 林樱，王元清，叶全喜，等. 穿心板式钢管混凝土柱-钢梁栓焊连接节点力学性能分析[J]. 工程力学，2023，40（8）：136-146.

[21] 张玉芬，赵旭旺. 复式钢管混凝土柱-钢梁半穿心节点拉拔性能试验研究 [J]. 建筑结构，2024，54（10）：10-17.

[22] Binyang Li，YuanLong Yang，YohchiaFrank Chen，et al. Behavior of connections between square CFST columns and H-section steel beams [J]. Journal of Constructional Steel Research，2024，33（5）：223-240.

[23] Md Kamrul Hassan，Zhong Tao，Utsab Katwal. Behaviour of through plate connections to concrete-filled stainless steel columns [J]. Journal of Constructional Steel Research，2024，34（6）：253-260.

[24] 李凯璇. 带肋薄壁方钢管混凝土柱-H型钢梁加强环节点抗震性能研究 [D]. 西安：长安大学，2022.

[25] 吴海亮，李腾，孙轶良，等. 方钢管混凝土柱-H型钢梁外环板节点抗剪性能研究 [J]. 建筑结构，2022，52（7）：97-103.

[26] 徐培蓁，张志鹏，高代明，等. 强梁弱柱型钢管混凝土柱-钢梁节点抗震性能研究 [J]. 结构工程师，2021，37（8）：134-143.

[27] Ben Mou，Xi Li，Yongtao Bai，et al. Numerical evaluation on shear behavior of irregular steel beam-to-CFST column connections [J]. Journal of Constructional Steel Research，2020，35（6）：343-360.

[28] 孙香红，孙华腾，郭潇洒，等. 盖板式外加强环复式钢管混凝土柱-钢梁节点抗震性能研究 [J]. 四川建筑科学研究，2019，45（3）：36-41.

[29] 周健，杨锋. 外包U型钢-混凝土组合梁与方钢管混凝土柱隔板贯通节点试验 [J]. 上海大学学报（自然科学版），2021，27（6）：1128-1137.

[30] 赵毅，许慧慧，王帅，等. L形钢管混凝土柱-钢梁节点抗震性能研究 [J]. 中原工学院学报，2021，32（6）：35-43.

[31] 刘孝禹. T形钢管混凝土柱-带楼板钢梁节点抗震性能研究 [D]. 荆州：长江大学，2022.

[32] 程龙. 侧板连接异形钢管混凝土柱-钢梁节点抗震性能研究 [D]. 郑州：中原工学院，2017.

[33] 成宇，杨远龙，刘界鹏，等. T形截面多腔式钢管混凝土柱-U形截面钢混凝土组合梁竖向肋板式框架节点抗震性能研究 [J]. 建筑结构学报，2023，44 (5)：94-106.

[34] 刘景琛. 异形钢管混凝土柱-工字钢梁框架节点抗震性能研究 [D]. 兰州：兰州大学，2016.

[35] 车媛. 钢管混凝土柱-钢梁加强节点深化设计与施工 [J]. 河南科技，2020，3 (5)：96-98.

[36] 刘学春，李亚鹏，冯徐泽，等. 方钢管柱-H型钢梁外套筒式全螺栓连接节点抗震性能研究 [J]. 建筑结构，2025，55 (7)：1-8.

[37] 王帅. 侧板连接L形钢管混凝土柱-钢梁节点抗震性能数值分析 [D]. 郑州：中原工学院，2021.

[38] 张继承，卢盛庆，杨浩，等. L形钢管混凝土柱-钢梁节点的抗震性能试验研究及有限元分析 [J]. 长江大学学报（自然科学版），2024，28 (1)：1-12.

[39] 吴桐宇，刘学春，陈学森，等. 钢管混凝土L形柱-H型钢梁Z字形节点抗震性能研究 [J]. 工程力学，2022，39 (2)：101-108.

[40] 焦圣伦，郭荡，李兴，等. 新型L形钢管混凝土柱-钢梁节点抗震性能研究 [J]. 低温建筑技术，2020，42 (5)：54-60.

[41] 白正仙，白雅日图，刘学春，等. 钢管混凝土L形柱-H型钢梁Z字形拼接节点受力性能分析 [J]. 工业建筑，2020，50 (4)：153-161，194.

[42] 叶晋源，陶忠，陈蕾蒙，等. 异形钢管混凝土柱外套板式节点试验及数值模拟研究 [J]. 科技通报，2023，39 (3)：39-46，89.

[43] Ting Z, Zhexi Y, Zhihua C, et al. Seismic behavior of connections between H-beams and L-shaped column composed of concrete-filled steel tube mono-columns connected by double vertical plates [J]. Journal of Constructional Steel Research, 2022, 32 (2): 198-210.

[44] 刘记雄，戴绍斌，霍凯成，等. 异形钢管混凝土组合柱-钢梁顶底角钢连接节点抗震性能研究 [J]. 四川大学学报（工程科学版），2015，47 (3)：128-137.

[45] 时继瑞，程卫红，姜宇鑫，等. T形钢管混凝土柱-钢梁节点抗震性能试验研究 [J]. 建筑科学，2023，39 (2)：1-9.

[46] 吴一然，石永久，孟令野，等. T形钢管混凝土异形柱和工形钢梁节点承载力性能试验 [J]. 沈阳建筑大学学报（自然科学版），2019，35 (8)：769-778.

[47] 郭建营，张传琪，完海鹰，等. 多腔钢管混凝土T形柱H型钢梁装配节点抗震性能研究 [J]. 合肥工业大学学报（自然科学版），2023，46 (6)：1506-1509，1572.

[48] 赵毅，牛中浩，李豪，等. 新型T形钢管混凝土柱-钢梁节点抗震性能研究 [J]. 建筑结构，2021，51 (12)：75-80.

[49] 薛建阳，李贺超，陈茜，等. T 形截面钢管混凝土异形柱-钢梁框架节点地震损伤试验研究 [J]. 建筑结构学报，2023，44 (7)：129-141.

[50] 何子奇，胡盛文，李彬洋，等. 十字形钢管混凝土柱-H 形钢梁框架节点抗震性能研究 [J]. 建筑结构学报，2022，43 (10)：95-106.

[51] 刁延松，郭荡，屠康，等. 新型异形钢管混凝土柱-钢梁节点抗震性能试验 [J]. 吉林大学学报 (工学版)，2021，51 (7)：1724-1733.

[52] 程睿，张继东，胥兴，等. 方钢管混凝土柱与 U 形钢组合梁分离式内隔板节点抗震性能试验研究 [J]. 土木与环境工程学报，2023，45 (6)：47-58.

第2章 异形柱模型的建立与验证

2.1 引言

在建筑工程中，钢管混凝土构件通过钢管与核心混凝土的协同作用，展现出卓越的力学性能。这种组合结构不仅具有较高的承载能力和良好的变形性能，更因其综合优势而成为超高层建筑和大跨桥梁等工程的首选结构形式。针对盖板式外加强环L形钢管混凝土柱-钢梁连接节点这个创新构造，其抗震性能的优劣直接影响着整体结构的安全可靠性。由于实体试验存在成本高、周期长等固有缺陷，有限元法已成为探究该类节点抗震机制的关键技术手段，其数值模拟结果能够有效揭示结构节点的动力响应特征。

有限元数值模拟凭借其高效、经济、可重复性强等优势，能够深入分析复杂结构在地震作用下的力学响应，为抗震设计与性能优化提供关键理论支撑。本章基于有限元软件ABAQUS，结合已有试验数据，对盖板式外加强环L形钢管混凝土柱-钢梁节点开展抗震性能数值模拟研究。拟通过精细构建有限元模型，准确模拟节点在地震荷载下的受力、变形及破坏特征，深入剖析其抗震性能影响机制，为该新型节点的工程应用与抗震设计提供科学依据。

2.2 ABAQUS软件简介

ABAQUS是国际领先的多物理场耦合仿真平台，其核心优势在于非线性求解与多尺度建模技术的结合，集成了隐式/显式动力学求解器和扩展有限元法

（XFEM）等算法，在复合材料损伤、金属成形回弹及混凝土结构开裂分析等领域表现出色。其模块化架构涵盖四大功能体系：前处理模块（ABAQUS/CAE）运用参数化建模技术，集成几何拓扑优化、材料本构库及智能网格生成器，实现复杂装配体的高效离散；求解器模块通过智能切换 Newton-Raphson 迭代与中心差分法，稳定求解接触碰撞与材料失效等强非线性问题；行业工具包提供针对土木工程的专业解决方案，如钢管混凝土界面滑移模型等；数据交互模块支持格式转换，实现与其他 CAE 软件的数据传输和协同仿真。

在钢管混凝土结构数值模拟方面，ABAQUS 相较于 ANSYS、LS-DYNA 等软件具有独特优势。其材料本构库深度适配，内置的混凝土塑性损伤模型（CDP）能更精确地表征核心混凝土拉压损伤演化规律，相比仅提供弹性损伤模型的 Midas FEA 更具物理真实性。接触算法方面，钢管-混凝土界面滑移模型通过组合算法实现滑移量误差控制，更能反映界面脱黏特性。非线性求解方面，其 Newton-Raphson 迭代算法配合弧长法可稳定求解几何屈曲问题，避免了 LS-DYNA 显式算法在准静态分析中的动能失真问题。

2.3 有限元模型的建立

2.3.1 材料的本构模型

材料的力学行为模型是表征其在复杂应力状态下的动态和静态响应规律的关键，也是构建有限元仿真体系的核心。在 ABAQUS/CAE 中，通过材料属性定义模块来配置此类模型，具体操作为利用截面特性生成器将材料参数映射到几何实体，并采用区域化分配策略实现多组件的差异化属性赋予。模型选择对数值解的真实性至关重要，需严格遵循物理机制适配性原则。

(1) 钢材本构模型

涉及的钢材构件包括钢管、外套钢管、H 型钢梁、外加强环板、端板及高强螺栓等。在循环荷载作用下，这些钢材构件表现出等向-随动混合强化特性，并会产生显著的包辛格效应。ABAQUS 内置了三种强化模型，分别是遵循 Von Mises 屈服准则、适用于模拟金属材料弹塑性行为的等向强化模型，用于描述屈服面平移现象的随动强化模型，以及兼具前两者特征的混合强化模型。综合考虑计算效率与精度，本书对不同构件采用了差异化本构策略：对于高强螺栓选择包含弹性阶段和线性强化阶段的双线性强化模型，以确保接触非线性收敛的稳定性；而对于其他钢构件，则采用涵盖弹性段、塑性流动段及二次强化段的三线性模型，从而精准捕捉材料的硬化行为。最终采用三折线等向强化模型确定钢材在水平往复加载时的本构关系[1]，其表达式为

$$\sigma_s=\begin{cases} E_s\varepsilon_s & \varepsilon_s\leqslant\varepsilon_y \\ f_y & \varepsilon_y\leqslant\varepsilon_s\leqslant\varepsilon_{s,h} \\ f_y+E_{s,h}(\varepsilon_s-\varepsilon_{s,h}) & \varepsilon_{s,h}\leqslant\varepsilon_s \end{cases} \tag{2.1}$$

式中，σ_s 为钢材应力；ε_s 为钢材应变；ε_y 为钢材屈服应变；$\varepsilon_{s,h}$ 为应力强化起点对应的应变，取值为 $\varepsilon_{s,h}=10\varepsilon_y$；$E_s$ 为钢材弹性模量，取值为 $E_s=2.06\times10^5$MPa；$E_{s,h}$ 为钢材强度模量，取值为 $E_{s,h}=0.01E_s$。

Von Mises 屈服准则在工程领域应用广泛，它通过考虑材料在不同应力状态下的屈服行为，能够较为准确地预测钢材在复杂受力情况下的屈服起始点。而随动强化法则能够有效描述材料在循环加载过程中屈服面的平移现象，这对于模拟钢材在地震等往复荷载下的力学响应具有重要意义。因此，借助有限元手段，运用 Von Mises 屈服准则及随动强化法则来模拟钢材在加载过程中的强化现象。然而，该模型并不包含断裂因素，这意味着它无法对钢材的开裂情况展开模拟。

依据式（2.1）所示的计算方法，选取常见的 Q235 钢作为研究对象，其泊松比 $\mu_c=0.30$，$f_y=235.00$MPa，代入式（2.1），可以得到相应的钢材应力-应变曲线，三个阶段对应的强度和应变分别为：弹塑性阶段的屈服强度 $f_y=235$MPa，屈服应变 $\varepsilon_y=0.114\%$；强化阶段的极限强度 $f_u=427$MPa，极限应变 $\varepsilon_u=15\%$；破坏阶段的破坏强度 $f_t=330$MPa，破坏应变 $\varepsilon_t=22\%$。图 2.1 给出了钢材的应力-应变曲线。

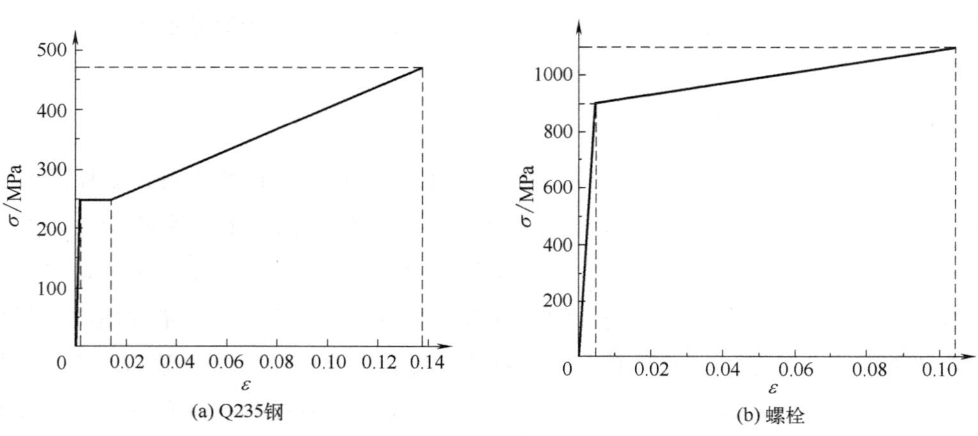

(a) Q235钢 (b) 螺栓

图 2.1 钢材的应力-应变曲线

(2) 混凝土本构模型

ABAQUS 平台提供了三种用于模拟混凝土力学行为的多尺度响应模型，即弥散裂纹扩展模型、脆性断裂模型和弹塑性损伤模型。在对钢管约束混凝土体系进行建模时，钢管的套箍效应对核心混凝土的多轴应力发展起着关键作用，其力学过程可分为三个阶段：在轴压荷载的初始阶段，钢管和混凝土按照各自的刚度分担纵向压力，混凝土处于单轴压缩的弹性阶段，应力与应变呈线性关系；随着荷载的增加，混凝土进入非线性硬化阶段，其泊松比的增长速率超过钢材，导致侧向变形不匹配，此时钢管开始发挥被动套箍作用，对混凝土施加径向约束力，使混凝土处于三向受压状态；当钢管受到纵向压力和环向拉力时，会形成自平衡应力场，这不仅显著提高了混凝土的承载能力（相比普通混凝土可提高 50%～300%），还抑制了纵向裂缝的发展，但当混凝土的主应力超过其抗拉和抗压强度时，就会出现张拉劈裂和压碎的复合破坏模式。

与普通钢筋混凝土（依靠钢筋黏结滑移提供离散约束）和素混凝土（无约束机制）不同，钢管混凝土中钢管与混凝土界面能形成主动约束力场，因此需要采用修正的 Kent-Park 模型或 Mander 本构方程来描述其强化行为。韩林海[1] 引入约束效应系数（ξ），建立了核心混凝土的本构关系模型，借此量化钢管与混凝土间的相互作用。ABAQUS 软件中的塑性损伤模型能有效模拟混凝土在反复荷载下的单轴拉压损伤力学行为，其优势在于引入损伤变量，精准复现混凝土在反复加载中的压碎和剥落现象。运用该模型时，需分别明确混凝土受压和受拉状态下的本构关系。基于此，可推导出如下适用于圆钢管和方钢管内混凝土的应力（σ）-应变（ε）表达式。

$$y=\begin{cases} 2x-x^2 & x\leqslant 1 \\ \dfrac{x}{\beta_0(x-1)^{\eta}+x} & x>1 \end{cases} \tag{2.2}$$

式中，$x=\varepsilon/\varepsilon_{c0}$；$y=\sigma/\sigma_{c0}$；$\sigma_{c0}$ 为峰值压应力，$\sigma_{c0}=f'_c$；ε_{c0} 为峰值压应力对应的应变，$\varepsilon_{c0}=\varepsilon_c+800\xi^{0.2}\times10^{-6}$，$\varepsilon_c=(1300+12.5f'_c)\times10^{-6}$；$f'_c$ 为混凝土圆柱体抗压强度。

参数 β_0 的表达式为

$$\beta_0=\begin{cases} (2.36\times10^{-5})^{[0.25+(\xi-0.5)^7]}f_c'^{0.5}\times0.5 & (\xi\leqslant 3.0)(\text{圆钢管}) \\ \dfrac{f_c'^{0.1}}{1.2\sqrt{1+\xi}} & (\xi>3.0)(\text{方钢管}) \end{cases} \tag{2.3}$$

式中，ξ 为约束效应系数，$\xi=A_s f_y/(A_c f_{ck})$；f_y 为钢材屈服强度；f_{ck} 为混凝土轴心抗压强度设计值，等于混凝土立方体抗压强度（f_{cu}）的 0.67 倍；A_s 为钢管的截面面积；A_c 为混凝土的截面面积。

截面长宽比影响系数 η 的表达式为

$$\eta=\begin{cases}2(\text{圆钢管})\\1.6+1.5/x(\text{方钢管})\end{cases} \tag{2.4}$$

核心混凝土的约束影响力会因钢管截面形状的改变而有所差异，但对混凝土的受拉性能并无影响。在界定核心混凝土的受拉本构关系时，依据的是沈聚敏[2] 所提出的如下混凝土受拉应力-应变关系。

$$y=\begin{cases}1.2x-0.2x^6 & x\leqslant1\\ \dfrac{x}{0.3\alpha_{t0}^2(x-1)^{1.7}+x} & x>1\end{cases} \tag{2.5}$$

式中，$x=\varepsilon_t/\varepsilon_{t0}$，$y=\sigma_t/\sigma_{t0}$；$\varepsilon_t$ 为拉应变；ε_{t0} 为混凝土的峰值拉应力时对应的峰值应变，$\varepsilon_{t0}=43.1\sigma_{t0}\times10^{-6}$；$\sigma_t$ 为拉应力；σ_{t0} 为混凝土的峰值拉应力，$\sigma_{t0}=0.26(1.25f_c')^{2/3}$。

在模拟混凝土材料行为时，其弹性参数的确定需依据《混凝土结构设计规范》(GB 50010—2010)[3]。本书将混凝土视为各向同性材料，对于 C40 混凝土，其立方体抗压强度设计值 $f_{cu}=40.00$MPa，弹性模量 $E_c=3.25\times10^4$MPa，泊松比$\mu_c=0.2$。将这些参数代入式（2.4）和式（2.5），可以绘制出混凝土的应力-应变曲线，如图 2.2 所示。

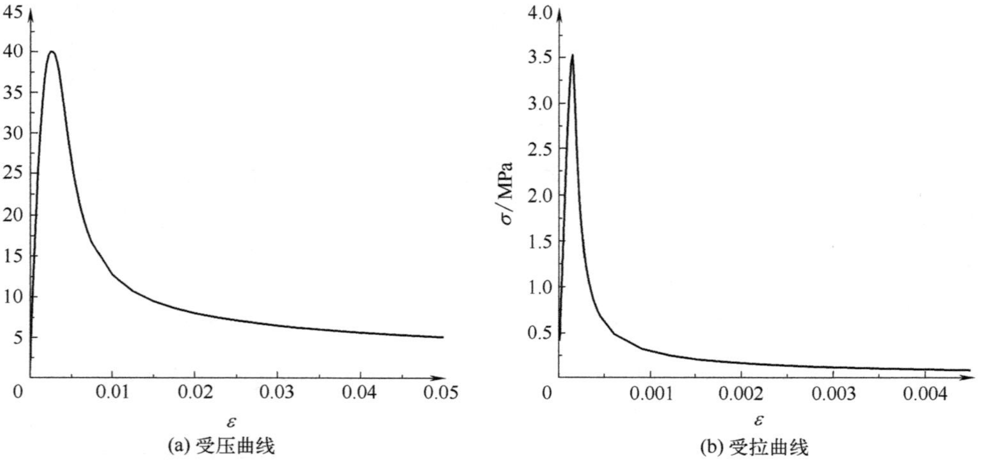

(a) 受压曲线　(b) 受拉曲线

图 2.2　混凝土应力-应变曲线

在试件受到反复荷载作用时，损伤塑性用于描述材料的塑性力学特性，而弹性部分则假定为各向同性且呈线性关系。基于此，需充分考虑异形钢管混凝土柱核心混凝土可能出现的损伤及退化行为。混凝土损伤塑性（CDP）模型中，借助引入损伤因子（d）来修正弹性刚度矩阵，进而在 ABAQUS 软件中以 d_c-ε_c^{in} 的形式输入受压损伤数据。同时，依据式（2.7）将非弹性应变 ε_c^{in} 转化为塑性应变 ε_c^{pl}，此处需特别注意确保在混凝土应力为 0 的时刻，塑性应变值仍大于零，以准确反映材料的实际损伤状态。

$$\sigma=(1-d)D_0^{el}(\varepsilon-\varepsilon^{pl}) \tag{2.6}$$

$$\varepsilon_c^{pl}=\varepsilon_c^{in}-\frac{d_c}{1-d_c}\times\frac{\sigma_c}{E_0} \tag{2.7}$$

式中，D_0^{el} 为弹性刚度矩阵；ε^{pl} 为塑性应变；d_c 为受压损伤因子；σ_c 为混凝土压应力；E_0 为混凝土初始模量。

当混凝土在反复荷载作用下产生损伤时，确定其拉、压应力（σ）-应变（ε）关系曲线至关重要。CDP 模型采用 Li 和 Han[4] 提出的焦点法来计算受压损伤因子（d_c）和受拉损伤因子（d_t）。图 2.3 展示了混凝土的应力（σ）-应变（ε）关系曲线以及加卸载路径。

图 2.3 中的参数 ω_t、ω_c 分别代表混凝土的拉、压刚度恢复系数。该系数反映了混凝土在反复加载过程中，受拉出现裂缝后，再次受压时裂缝未闭合前已产生的压应力情况。刚度恢复系数（ω）的取值范围为 0～1。具体来说，当 $\omega_t=0$ 时，表明混凝土一旦开裂，便无法继续承受拉应力，即受拉刚度不可恢复；而当 $\omega=1$ 时，表明混凝土在受拉裂缝出现后，再次受压时其承载力能够完全恢复。混凝土的损伤因子（d_c）和受拉损伤因子（d_t）的计算公式分别如式（2.8）和式（2.9）所示。

$$d_c=1-\frac{(\sigma_c+n_c\sigma_{c0})}{E_c\left(\dfrac{n_c\sigma_{c0}}{E_c}+\varepsilon_c\right)}\quad(d_c\geqslant 0) \tag{2.8}$$

$$d_t=1-\frac{(\sigma_t+n_t\sigma_{t0})}{E_c\left(\dfrac{n_t\sigma_{t0}}{E_c}+\varepsilon_t\right)}\quad(d_t\geqslant 0) \tag{2.9}$$

式中，E_c 为混凝土的弹性模量；σ_c 为混凝土的应力；ε_c 为混凝土的应变；σ_{c0} 为混凝土的峰值压应力；σ_{t0} 为混凝土的峰值拉应力；n_c 为混凝土的受压损伤系

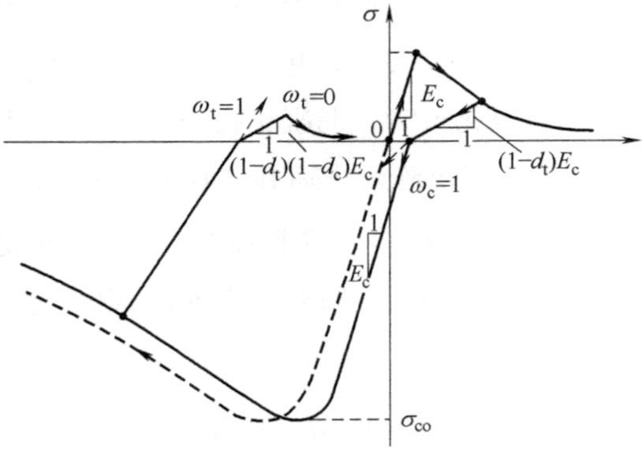

(a) 往复荷载作用下 σ - ε 关系曲线

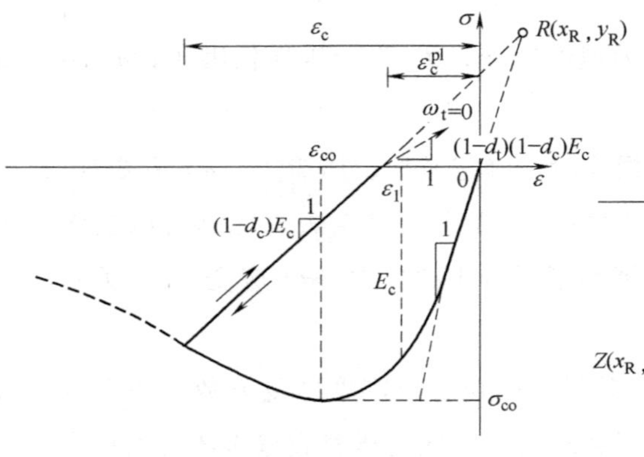

(b) 加载路径

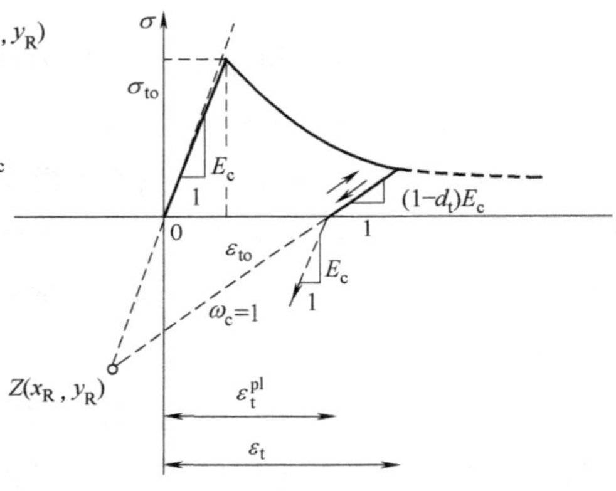

(c) 刚度退化

图 2.3 混凝土的应力（σ）-应变（ε）关系曲线、加卸载路径及刚度退化

数；n_t 为混凝土的受拉损伤系数。

当对应力-塑性应变关系进行定义时，还需要设定膨胀角等五类参数，如表 2.1 所示。

表 2.1 CDP 模型相关参数

膨胀角 ψ/(°)	偏心率 m	f_{b0}/f_{c0}	K	黏滞参数 μ_v
30	0.1	1.16	0.6667	0.0005

注：f_{b0}/f_{c0} 为双轴与单轴抗压强度比值；K 为拉、压子午线第二应力不变量的比值。

2.3.2 试件设计及材料性能的定义

采用有限元软件 ABAQUS 对 T 形钢管混凝土短柱轴压力学性能进行数值分析的试验数据来源于文献 [5]，截面尺寸如图 2.4 所示。

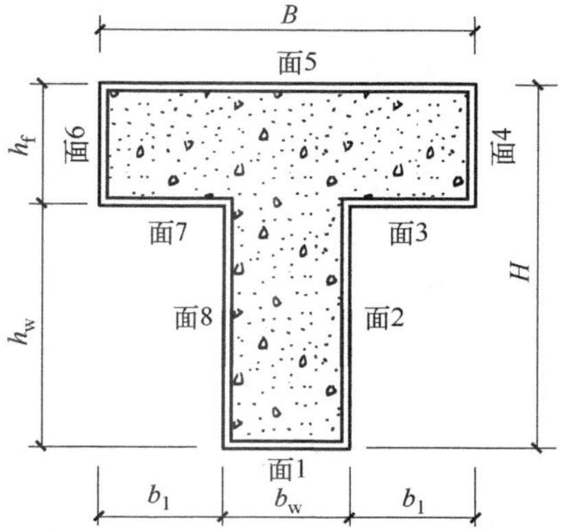

图 2.4　文献［5］中的试件截面尺寸

T 形钢管混凝土短柱的钢管由 2 片弯折板和 1 片直板焊接而成，翼缘宽度 B 与腹板方向总高度 H 相同，b_w 和 b_1 分别为柱腹板宽和柱翼缘外伸长度。试件长度取截面高度的 3 倍，混凝土立方体抗压强度（f_{cu}）均为 38.22MPa，混凝土弹性模量 $E_c=2.924\times10^4$MPa，所有试件的 b_w 与 h_f 均为 100mm。文献［5］及新型加劲肋 T 形钢管混凝土短柱的几何尺寸、材料力学性能和相关参数见表 2.2。

表 2.2　试件的几何尺寸、材料力学性能和相关参数

编号	t/mm	f_y/MPa	ζ	α
1-T300-6	6	262.50	1.615	0.017
2-T300-8	8	301.99	2.461	0.016
3-T300-5	5	304.50	1.567	0.002

注：1. 所有试件，柱高 $L=900$mm，翼缘宽度 $B=300$mm，$h_w=200$mm。

2. 以编号 1-T300-6 试件为例，1 为试件编号，T300-6 为 T 形腹板方向总高度为 300mm，钢管厚度为 6mm；t 为钢管壁厚；f_y 为钢材屈服强度；ζ 为混凝土约束效应系数；α 为混凝土提高系数。

2.3.3　单元类型选取

在有限元建模过程中，为消除 T 形钢管混凝土短柱轴压试验端部应力集中引发的非研究区破坏，采用双端刚性约束方案——构件底部与顶部分别配置 25mm 厚钢制端盖板。混凝土核心与端盖板均选用八节点缩减积分实体单元（C3D8R），该单元通过沙漏模式控制技术（hourglass control），在保证计算稳定性的前提下，较 C3D20 等二阶单元减少约 65% 自由度，显著提升计算效率。钢管构件采用四节点完全积分壳单元（S4R），该单元基于明德林-瑞斯纳（Mindlin-Reissner）壳理

论，具备厚薄壳自适应特性：当厚度比 $h/L>0.1$ 时自动激活厚壳理论（计入横向剪切变形），当 $h/L<0.05$ 时切换薄壳理论；通过共旋坐标系（co-rotational framework）处理几何非线性大转动问题，并采用 9 点辛普森（Simpson）积分法沿厚度方向配置高斯积分点，实现截面应力场的精确积分（相对误差<3%）。

2.3.4 网格划分与接触条件

在有限元建模的网格离散化阶段，采用结构化网格生成技术对盖板、混凝土核心及钢管进行协同划分，通过网格敏感性分析确定最优单元尺寸为 25mm（相对误差≤3.2%）。为消除端板局部弯曲引起的应力失真现象，运用多点约束（MPC）技术将上下端板分别耦合至其形心参考点 RP-1 与 RP-2——该处理使加载面形成刚性区域，保证荷载传递路径符合圣维南（Saint-Venant）原理。

界面约束体系采用混合模式：盖板-混凝土接触面实施绑定约束（tie）实现位移完全协调，盖板-钢管界面采用壳-实体耦合（shell-to-solid coupling）技术，解决实体单元与壳单元旋转自由度不匹配问题，最终形成位移-转角全协调的复合约束系统。经网格质量评估显示，雅可比（Jacobian）比率>0.85，翘曲因子<0.25，满足显式动力学分析要求，网格划分如图 2.5 所示。

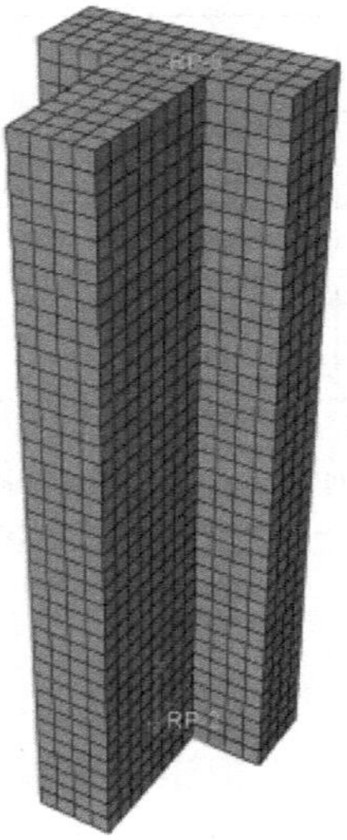

图 2.5 网格划分

在有限元分析中，为精确模拟 T 形钢管混凝土短柱极限状态下的界面力学行为，建立基于修正库仑摩擦理论的接触模型体系。当轴压荷载达到峰值承载力的 85%～92%时，钢管与混凝土界面呈现显著变形协调性退化，此时采用三阶段接触机制：初始弹性阶段（滑移量 $\delta \leqslant 0.2\text{mm}$）保持完全黏结；弹塑性过渡阶段（$0.2\text{mm} < \delta \leqslant 2\text{mm}$）激活界面法向非线性硬接触（hard contact）与切向有限滑移（finite sliding）耦合作用，法向接触刚度取 $K_n = 1.5 \times 10^5 \text{N/mm}^3$，切向摩擦系数 $\mu = 0.6$（参照 GB 50010—2010 附录 C.3 条款）；完全失效阶段（$\delta > 2\text{mm}$）转为纯摩擦接触并引入损伤因子 $D = 1 - \exp(-\delta/\delta_0)$ 表征黏结强度退化。

2.3.5　边界条件与加载

基于 ABAQUS/Standard 准静态求解器构建数值分析体系，设置总计算时长参数（time period）为 0.1，关闭几何非线性效应（Nlgeom＝off）以简化小变形条件下的计算过程。收敛性控制方面，采用增量步控制参数组合：最大增量步数 1×10^5，初始步长 0.001，最小步长 1.0×10^{-12}，最大步长 0.1，这种参数组合能有效平衡计算效率与收敛稳定性。为克服强非线性系统求解难题，实施位移控制的准静态加载方案——在柱底参考点 RP-2 施加全自由度约束（$U1 = U2 = U3 = UR1 = UR2 = UR3 = 0$），同时在柱顶参考点 RP-1 仅开放轴向自由度（$U3$）进行位移加载。这种边界条件配置不仅符合实际工程中柱底固结、柱顶承受轴向荷载的受力特征，还通过位移驱动模式避免力控制加载可能引发的数值振荡问题。计算过程中采用自动时间步长技术（automatic time stepping）和接触属性调整策略，确保在材料非线性、几何非线性和状态非线性耦合作用下的收敛可靠性。

2.4　有限元模型的验证

2.4.1　破坏模式

基于文献［5］开展的 T 形钢管混凝土短柱轴压试验研究表明，试件 1-T300-6 呈现出典型的复合破坏特征：钢管发生局部屈曲破坏的同时，对应区域及构件阴角部位的混凝土产生压溃破坏。试验观测显示，随着轴向位移率的增大，钢管壁在试件高度方向形成 2～3 个显著的屈曲波形，构件最终呈现腰鼓状整体变形——具体表现为面 6 与面 7 交线、面 3 与面 4 交线在正交于面 7 和面 3 的观测视角下呈现明显外凸形态，而面 5 与面 6、面 5 与面 4 交线在正交于面 5 的观测方向上形变相对平缓。这种差异性变形揭示出阴角区域产生的应力集中效应削弱了邻近阳角区域的约束效能，导致该区域钢管对核心混凝土的套箍作用显著低于翼缘直边（面 5）对应阳角部位[5]，如图 2.6 所示。

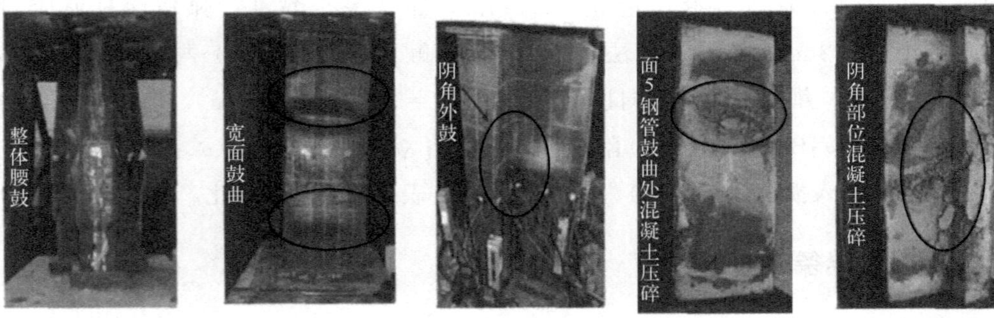

(a) 整体腰鼓　(b) 宽面鼓曲　(c) 阴角外鼓　(d) 面5钢管鼓曲处混凝土压碎　(e) 阴角部位混凝土压碎

图 2.6　试件 1-T300-6 的破坏模式

试验现象证实，异形截面几何特征引发的约束效应空间分布不均衡是影响构件破坏模式的关键因素。基于数值模拟结果揭示，试件 1-T300-6 的失效机制表现为典型钢-混凝土协同破坏模式：钢管壁发生局部屈曲破坏（见图 2.7 Mises 应力分布云图），屈曲区域与阴角部位混凝土呈现双向受压压溃特征。随着轴向位移荷载的持续施加，构件面 5 区域形成具有明显空间分布的 2 个屈曲半波，且阴角区域钢管发生向外凸起的二次屈曲变形。这种现象源于异形截面几何特征导致的约束效应梯度分布——阴角区域钢管因曲率突变导致约束刚度折减，无法有效限制核心混凝土的横向膨胀变形，从而诱发混凝土双轴受压破坏与钢管局部屈曲的耦合失效。应力云图显示，最大等效应力集中于屈曲波峰区域和阴角焊缝处，验证了截面几何不连续区域易产生应力集中的力学特性，该发现与经典板壳结构屈曲理论具有一致性。

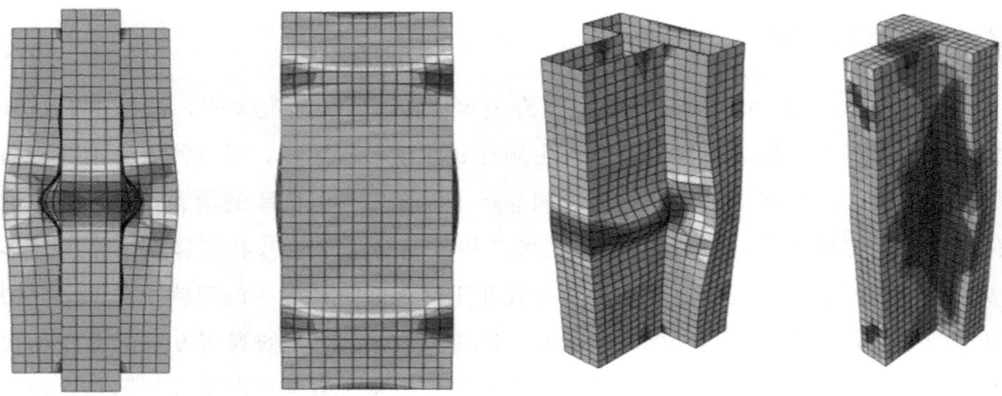

(a) 整体腰鼓　(b) 宽面鼓曲　(c) 阴角外鼓　(d) 混凝土

图 2.7　试件 1-T300-6 的应力云图

在进行数值模拟分析时，试件的主要破坏形式表现为钢管局部受压后的鼓曲变形以及相应区域混凝土的受压破坏。随着位移荷载的逐渐增加，钢管在特定区域（面 5）逐渐形成两个明显的鼓曲波，并且在柱体中部的阴角位置出现了钢管的外鼓现象。通过将有限元分析得到的破坏形态与文献［5］中试件 T300-6A 的试验观测结果进行详细对比，可以发现两者在破坏时的变形特征高度一致，这验证了有限元模型在模拟此类试件破坏特征方面的准确性和可靠性。这种一致性表明，所建立的有限元模型能够有效捕捉到 T 形钢管混凝土短柱在轴压作用下的主要破坏模式，为后续更深入的分析和研究提供了坚实的基础。

2.4.2 荷载-位移关系曲线

为了进一步验证有限元模型的正确性，分别对试件 1-T300-6、3-T300-8 和 3-T300-5 进行了计算分析，得到相应的荷载-纵向位移曲线，如图 2.8 所示。

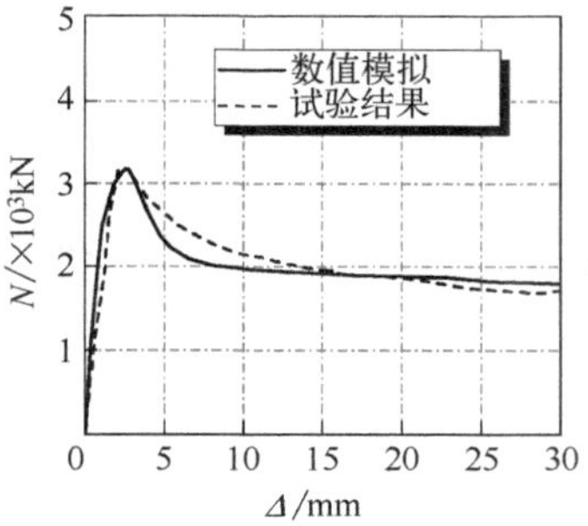

(a) 1-T300-6

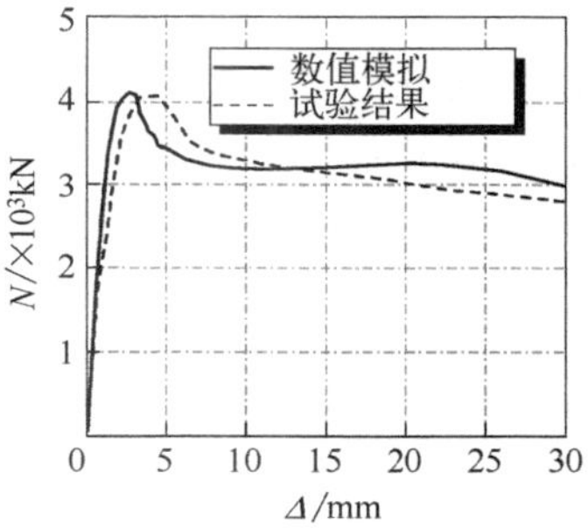

(b) 2-T300-8

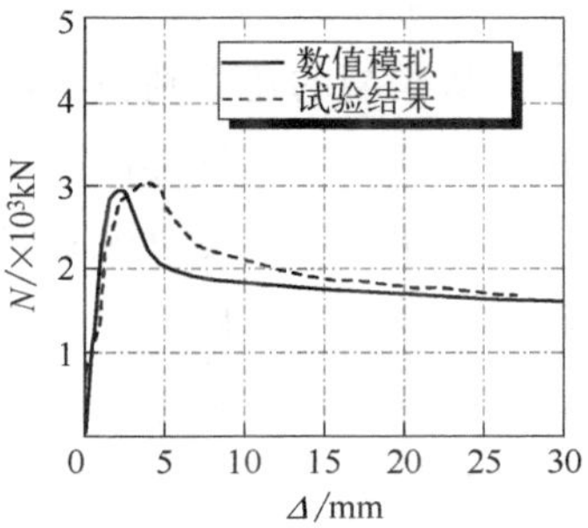

(c) 3-T300-5

图 2.8 试验与有限元模拟的荷载-纵向位移曲线

对比有限元分析结果与试验数据可知，有限元模拟的荷载-纵向位移曲线上升段刚度略高于实测值，原因在于有限元计算未纳入钢管连接焊缝引发的残余应力考量，而这类残余应力会使截面刚度降低。进一步对比发现，有限元模拟的曲线下降段较试验结果更为平缓，这主要是因为有限元分析未考虑钢管的几何非线性效应。此外，有限元预测的极限承载力较试验值偏高，源于有限元模型中混凝土与钢管的黏结更为均匀，与实际试验存在一定差异。试验与有限元分析计算的极限承载力比较见表 2.3。

尽管有限元模拟的荷载-纵向位移曲线上升段和下降段的刚度与试验结果存在一定差异，但总体而言，模拟结果与试验结果吻合度较高，试验值 N_e 与有限元计算值 N_u 的平均比值为 0.99，均方差仅为 0.031，表明两者差异处于工程可接受误差范围内。综合比较试验与有限元分析所得到的试件破坏形态、荷载-纵向位移曲线特征以及极限承载力，可以发现两者具有一致性，因此所建立的有限元模型能够有效反映 T 形钢管混凝土短柱在轴压作用下的力学性能，为相关研究和工程应用提供可靠的理论支持。

表 2.3 试验与有限元分析计算的极限承载力比较

编号	$N_e/\times10^3$kN	$N_u/\times10^3$kN	N_u/N_e
1-T300-6	3.170	3.199	1.01
2-T300-8	4.077	4.147	1.02
3-T300-5	3.139	2.970	0.95

注：N_e 为试验得到的极限承载力；N_u 为有限元分析计算得到的极限承载力。

2.5 本章小结

本章通过 ABAQUS 软件对 T 形钢管混凝土短柱进行了全面的有限元模拟研究，从模型的建立到验证，系统地分析了其在轴压作用下的力学性能，为后续深入研究新型节点的抗震性能奠定了坚实基础，以下是具体研究内容与成果。

① 借助 ABAQUS 软件完成了 T 形钢管混凝土短柱的有限元模型构建，详细阐述了从几何建模、材料属性设定、单元类型选择、网格划分再到边界条件与载荷施加的全过程，确保了模型的科学性和合理性，为后续的数值模拟分析提供了精准的工具。

② 在模型验证环节，将有限元分析得出的试件破坏形态与已有文献中的试验现象进行对比分析。结果表明，两者在变形特征方面高度一致，这充分证实了所建模型能够准确模拟试件在轴压作用下的主要破坏模式，验证了模型在模拟破坏特征方面的有效性。

③ 对比有限元模拟与试验得到的荷载-纵向位移曲线，尽管在上升段和下降段的刚度存在一定差异，但整体趋势吻合。进一步计算得出，试验值与有限元计算值的平均比为 0.99，均方差仅为 0.031，处于工程可接受误差范围内，从而确认了模型在预测 T 形钢管混凝土短柱力学响应方面的可靠性。

④ 综合考虑试件的破坏形态、荷载-纵向位移曲线特征以及极限承载力的对比结果，可以明确所建立的有限元模型能够有效反映 T 形钢管混凝土短柱的轴压性能。这个结论为利用该模型进一步研究盖板式外加强环 L 形钢管混凝土柱-钢梁节点的抗震性能提供了有力依据，有助于深入理解此类新型节点在地震作用下的力学行为，为实际工程应用和抗震设计优化提供理论支持。

参考文献

［1］ 韩林海. 钢管混凝土结构原理［M］. 北京：中国建筑工业出版社，2023.

［2］ 沈聚敏，王传志，江见鲸，等. 钢筋混凝土有限元与板壳极限分析［M］. 北京：清华大学出版社，1993.

［3］ 住房和城乡建设部. 混凝土结构设计规范：GB 50010—2010［S］. 北京：中国建筑工业出版社，2010.

［4］ Li W，Han L H. Seismic performance of CFST column to steel beam joints with RC slab：Analysis［J］. Journal of Constructional Steel Research，2011，67（3）：127-139.

［5］ 陈雨，沈祖炎，雷敏，等. T 形钢管混凝土短柱轴压试验［J］. 同济大学学报（自然科学版），2016，44（3）：822-829.

第3章 基于异形钢混混凝土柱理论的加固柱轴压性能有限元分析

3.1 引言

由于异形截面钢筋混凝土柱肢宽与墙体等厚，因此避免了结构在纵横墙交接处与平面转折处凸出墙体[1]，满足了人们对空间更高的使用要求，提高了室内面积的使用率，也能有效发挥钢筋混凝土结构承载力高、变形性能好的优势，近年来在实际工程中逐渐受到关注。虽然异形柱兴起的时间不长，大多数异形柱建筑还未到加固修复的阶段，但随着时间的推移，异形柱可能会面临各种问题。如在服役期间，使用环境遭遇地震、洪水等偶发情况，钢筋混凝土柱遭受损伤。或随着服役时间的增加，老化和侵蚀导致钢筋混凝土柱面临安全性能逐渐降低，急需进行加固修复的问题。因此，对钢筋混凝土柱进行不同程度的加固修复处理并进一步延长建筑物的使用寿命具有重要意义[2~6]。

外套钢管法[7~11]、置换加固法[12]、增大截面法[13,14] 均为工程上对钢筋混凝土柱加固的传统方法。这些传统的加固方法各有优点，但同时各有不足。外套钢管法湿作业量大，置换加固法破坏原有的钢筋混凝土结构、施工工艺复杂；增加截面法施工成本较高，工期较长。为克服这些不足，许多新材料和新方法被广泛运用到建筑加固领域，如纤维复合材料，较传统方法具有重量轻、施工方便等优势。目前，加固常用的纤维增强复合材料包括碳纤维复合材料（CFRP）[15~17]、玄武岩纤维（BFRP）[18～20]、玻璃纤维复合材料（GFRP）[21]、芳纶纤维复合材料（AFRP）[22]。在此基础上，有学者提出两种纤维增强复合材料叠合外贴加固法[23～25]。并且被加固柱力学性能的改善程度与纤维布的粘贴层数和粘贴方向密切相关，但该加固方法也存在容易发生黏结破坏和纤维片材强度无法充分利用的缺陷。此外，为解决各种实际工程的复杂加固问题并提高加固效果，有学者相继提出了外包角钢法[26,27]、形状记忆合金嵌入式加固法[28]、钢绞线加固法[29]、预应力钢箍加固法[30]以及新型水泥基复合材料外包法[31～33]，但新型加固方法成本昂贵、依赖外部环境、施工技术要求高、长期性能难以评估。

虽然目前对于加固方法的研究众多，但研究对象多集中于圆形截面和矩形截面钢筋混凝土柱，对于异形钢筋混凝土柱的加固研究不足。随着异形钢筋混凝土柱的广泛使用，亟待提出对异形钢筋混凝土柱的加固方法。为此，笔者在现有的外套钢管法基础上提出了一种针对 T 形钢筋混凝土短柱的加固方法。该方法通过对 T 形钢筋混凝土短柱外包与短柱等高的矩形钢管，并在短柱阴角处灌注混凝土。该方法的优势在于：①加固结构与原结构协同作用，共同承担外荷载，并对原结构提供了约束作用；②施工简便，外套矩形钢管可直接外包在原构件上并进行灌浆，无须进行大规模拆除或改造；③现场干扰小，焊接和湿作业量小，基本不影响建筑物在施工期间的正常使用；④兼容性强，外套钢管混凝土加固方法与现有的 T 形钢筋混凝土短柱的结构形式兼容性强，可以紧密结合，不会影响原有结构的整体稳定性和协调性；⑤经济性较好，与新型加固方法相比，材料成本低，施工周期短，降低了加固成本[34,35]。

为深入探究外套钢管混凝土加固法对 T 形钢筋混凝土短柱力学性能的影响，下面采用有限元软件建立有限元分析模型。通过模拟结果分析 T 形钢筋混凝土短柱在加固前后的破坏模式、机理、延性性能和承载力，比较在轴压荷载作用下，加固前后构件各部分纵向应力分布情况以及外层矩形钢管的约束作用；研究外套钢管厚度与强度、后浇混凝土强度等参数对 T 形钢筋混凝土短柱承载力和荷载-纵向位移的影响规律。

3.2　有限元模型的建立

基于异形钢筋混凝土柱理论的加固柱轴压性能有限元模型的建立涉及的材料主要有钢筋和混凝土，其本构模型详见第 2 章。

3.2.1 T形钢筋混凝土柱轴压试验数据

采用有限元软件对T形钢筋混凝土短柱轴压力学性能进行数值分析的试验数据来源于文献[36]，如图3.1所示。

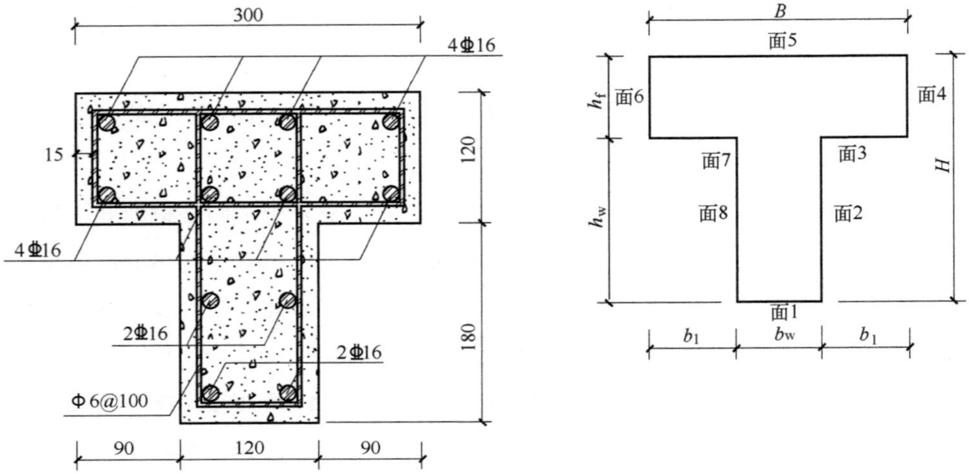

(a) 配筋形式　　(b) 截面形式

图3.1 T形钢筋混凝土短柱轴截面

T形钢筋混凝土短柱采用对称配筋截面设计，保护层厚度取15.00mm。纵筋采用12根直径16mm的钢筋，屈服强度设计值$f_y=360.00$MPa；箍筋采用直径为6mm的钢筋，间距为100.00mm，屈服强度设计值$f_y=270.00$MPa。柱翼缘宽度B与腹板方向总高度H相同，尺寸为300mm×300mm，b_w和b_1分别为柱腹板宽和柱翼缘外伸长度，柱翼缘高$h_f=120.00$mm，试件的b_w与h_f均相等。原柱混凝土立方体抗压强度设计值$f_{cu1}=30.00$MPa，混凝土弹性模量$E_c=2.924\times10^4$MPa。根据以上参数，共设计了14根构件进行模拟，并依据研究的目的对其中13根短柱采用外套钢管混凝土加固法进行加固，各构件的几何尺寸、材料力学性能、相关参数及其钢板参数见表3.1。

表3.1 各构件的几何尺寸、材料力学性能、相关参数及其钢板参数

编号	t/mm	f_{cu2}/MPa	f_y/MPa	k/%	ζ
1-T300	—	—	—	24.00	0
2-T300-3-R	3.00	30.00	235.00	24.00	0.416
3-T300-4-R	4.00	30.00	235.00	24.00	0.557
4-T300-5-R	5.00	30.00	235.00	24.00	0.699

续表

编号	t/mm	f_{cu2}/MPa	f_y/MPa	k/%	ζ
5-T300-6-R	6.00	30.00	235.00	24.00	0.841
6-T300-7-R	7.00	30.00	235.00	24.00	0.984
7-T300-8-R	8.00	30.00	235.00	24.00	1.129
8-T300-6-R	6.00	35.00	235.00	24.00	0.793
9-T300-6-R	6.00	40.00	235.00	24.00	0.751
10-T300-6-R	6.00	45.00	235.00	24.00	0.713
11-T300-6-R	6.00	50.00	235.00	24.00	0.678
12-T300-6-R	6.00	40.00	345.00	24.00	1.102
13-T300-6-R	6.00	40.00	390.00	24.00	1.246
14-T300-6-R	6.00	40.00	420.00	24.00	1.342

注：1. 表中所有试件，柱高 $L=900.00$mm，翼缘宽度 $B=300.00$mm，腹板方形总高度 $H=300.00$mm，柱翼缘高 $h_f=120.00$mm。

2. 以编号 2-T300-3-R 试件为例，2 为试件编号，T300-3-R 为 T 形腹板方向总高度为 300.00mm，外套钢管厚度为 3.00mm，R 为设有外套钢管混凝土加固；t 为钢管壁厚；f_{cu2} 为后浇混凝土立方体抗压强度设计值；f_y 为外套钢材屈服强度设计值；ζ 为套箍系数，计算公式为 $f_yA_s/(0.76f_{cu1}A_{c1}+0.76f_{cu2}A_{c2})$，$A_{c1}$ 和 A_{c2} 分别为原柱混凝土和填充混凝土的横截面积。

3.2.2 外套钢管混凝土加固柱有限元模型

(1) 单元类型选取

为防止外包钢管混凝土加固短柱在轴压过程中因应力集中导致两端发生局部破坏，在建立有限元模型时，构件的底部和顶部均设置了 25.00mm 厚的刚性盖板。盖板和混凝土均采用八节点缩减积分格式的三维实体单元（C3D8R），与其他高次等参单元相比，C3D8R 单元的计算精度较低，但可以减少很多自由度，大大节省计算时间。钢筋在混凝土柱中只表现出拉伸和压缩性质，不承受弯曲，故采用两节点线性三维桁架单元（T3D2），钢筋的一般拉压性能采用该单元可以很好地模拟分析构件的受力性能。钢管采用完全积分方式的壳单元（S4R），该单元属于有限应变壳单元，适合大应变的分析，允许沿厚度方向的剪切变形。随着壳厚度的变化，求解方法会自动服从厚壳理论或薄壳理论，当壳厚度很小时，剪切变形很小，并且考虑有限薄膜应变和大转动。为满足精度和便于收敛，S4R 单元厚度上满足 9 个积分点的辛普森积分[37]。

(2) 网格划分与接触条件

对试件进行网格划分时，盖板、混凝土、钢筋和外套钢管均采用结构化网格划分技术，网格边长为25.00mm。将上下盖板分别耦合到形心参考点RP-1与RP-2上。盖板与混凝土端面采用绑定约束（tie），盖板与钢管端面采用壳-实体耦合（shell-to-solid coupling）约束，确保盖板、钢管和混凝土接触单元的转角与位移一致；钢筋与混凝土采用内置区域（embedded region）约束；钢管壁与混凝土表面接触由切向滑移和法向接触两部分组成，沿接触面切向采用库仑摩擦限滑移（finite sliding），摩擦系数取0.6，沿接触面法向为硬接触（hard contact），允许钢管与混凝土分离但不能相互穿透，该模型能较好地模拟实际界面性能[38]。当构件接近破坏时，在轴压荷载作用下新旧混凝土的变形不再协调一致，因此新旧凝土界面的切向抗剪性能模拟也采用库仑摩擦模型描述两者之间的行为，沿接触面的切向行为采用罚刚度法，摩擦系数取3.5，法向为硬接触[39]。网格划分后的模型如图3.2所示。

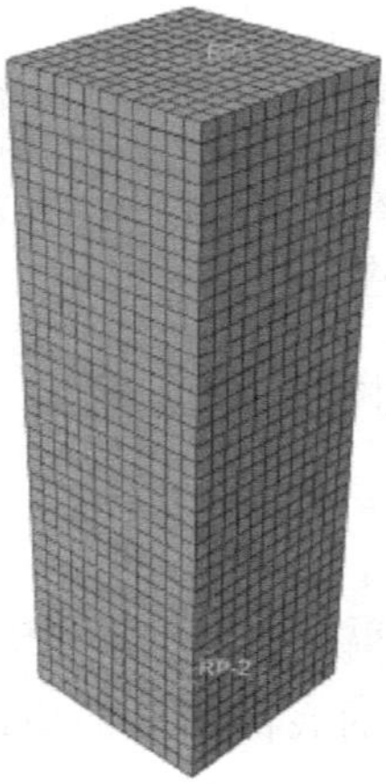

图 3.2 网格划分后的模型

(3) 边界条件与加载

采用Standard模块进行分析计算，其中，Time period＝0.1，Nlgeom＝off，Maximum number of，increments＝1×10^{5}，Initial＝0.001，Minimum＝1.0×10^{-5}，Maximum＝0.1。为使模型计算便于收敛，采用位移加载的方式进行，在柱底参考点RP-2上设置完全固定约束$U1=U2=U3=$UR1＝UR2＝UR3＝0，柱顶部参考点RP-1仅开放$U3$施加位移荷载。

3.2.3 有限元计算结果分析

依据文献［36］中T形钢筋混凝土短柱的试件参数，建立了试件1-T300数值模型，并进行轴心受压有限元模拟，其 Mises 应力云图见图 3.3。有限元分析结果的破坏模式主要为混凝土压碎与钢筋屈服破坏。首先柱子在受压时，钢筋先发生屈服，钢筋与混凝土之间的结合界面发生剪切破坏，混凝土持续受到压力导致压碎，并在柱子的中部出现一定程度的凹陷。随着轴向位移率的增加，混凝土在试件的高度上形成 2 个鼓曲波，即面 6 和面 7 的交线、面 3 和面 4 的交线从垂直于面 7 和面 3 的方向看去呈局部鼓曲；面 5 和面 6 的交线、面 5 和面 4 的交线从垂直于面 5 的方向看去呈侧向凹陷。阴角周边附近的阳角受阴角区域的影响，其钢筋对混凝土的约束作用小于翼缘直边（面 5）所在的阳角。通过有限元分析得到的试件破坏形态可知，建立的有限元模型能够较好地反映 T 形钢筋混凝土短柱轴压性能。

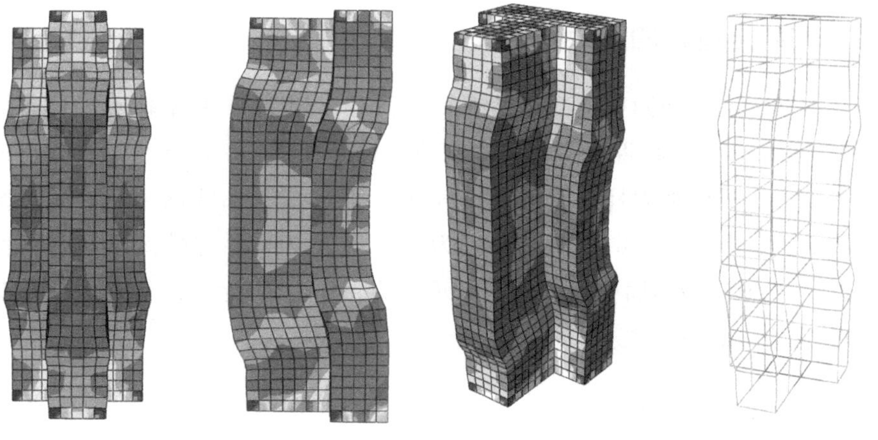

(a) 局部鼓曲　(b) 侧向凹陷　(c) 整体变形　(d) 钢筋骨架变形

图 3.3　试件 1-T300 的应力云图

3.3　外套钢管混凝土加固柱受压机理

3.3.1　轴压受力机理

以文献［36］中 1-T300 试件为基准试件，在此基础上增设了外套钢管混凝土加固，其截面形式如图 3.4 所示。根据上述模拟试验验证后的有限元模型，以试件 2-T300-3-R 为例，研究核心混凝土的应力应变特点，明确各内部元件的受力情况，揭示加固柱的受力机理和特点。

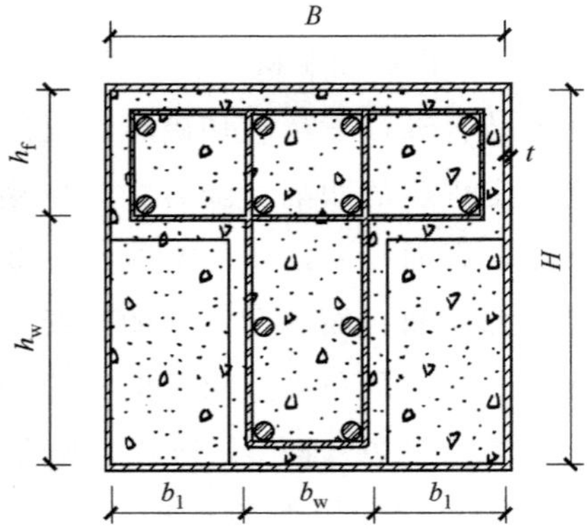

图 3.4 加固柱的截面形式

3.3.2 加载全过程的受力特点

外套钢管混凝土加固柱基准试件在轴压荷载作用下的荷载-纵向位移曲线如图 3.5 所示，图中包含原柱混凝土、原柱钢筋、后浇混凝土以及外套钢管各自的荷载分布。由加载过程中加固柱的受力状态和荷载-纵向位移曲线的特点，可将曲线分为四个阶段。各个阶段间的区分点分别为：①点 A 为试件弹性阶段和弹塑性阶段的分界点；②点 B 为加固柱达到其极限承载力；③点 C 为试件承载力保持基本恒定；④点 D 为计算终止点。

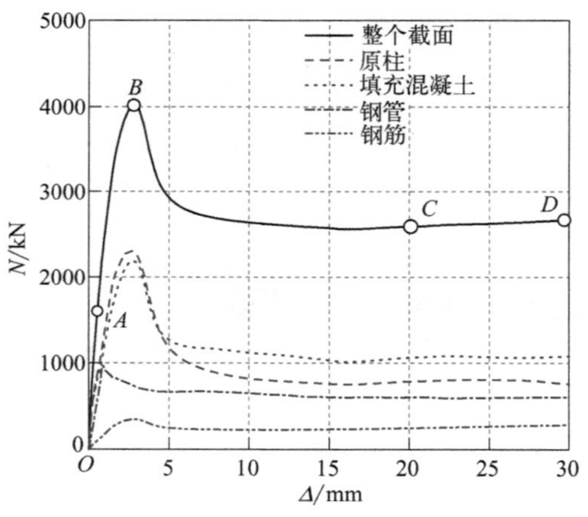

图 3.5 典型的荷载-纵向位移曲线

各阶段加固柱的受力情况呈现出如下特点。

① 核心混凝土的纵向应力在整个截面中呈均匀的对称分布，如图 3.6 所示。

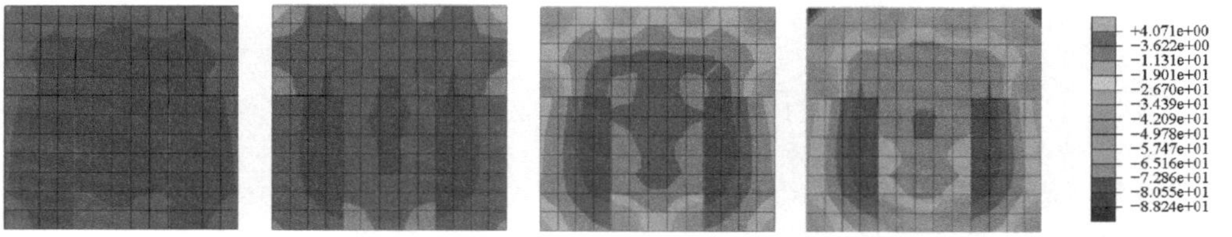

(a) *OA*阶段　(b) *AB*阶段　(c) *BC*阶段　(d) *CD*阶段　(e) 应力梯度

图 3.6　核心混凝土沿纵向应力分布图 (MPa)

② 核心混凝土沿水平方向的约束效应随着荷载的增加逐步显现出来，如图 3.7 所示。

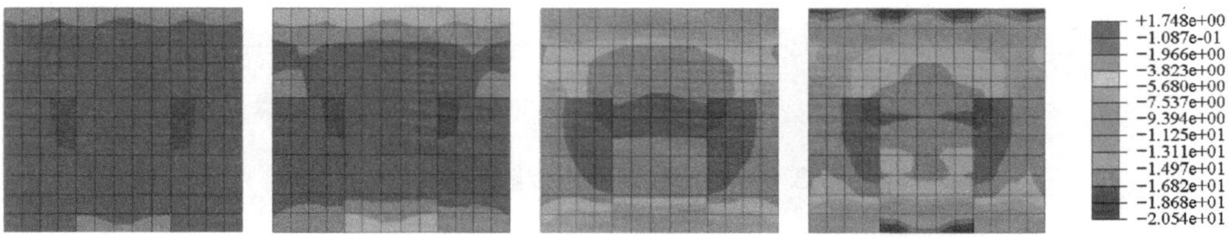

(a) *OA*阶段　(b) *AB*阶段　(c) *BC*阶段　(d) *CD*阶段　(e) 应力梯度

图 3.7　核心混凝土沿水平方向的约束应力分布图 (单位：MPa)

③ *OA* 段的荷载-纵向位移曲线为弹性阶段，各内部元件的受力状态表现为弹性性能。新旧混凝土之间的接触应力很小，如图 3.8 所示。

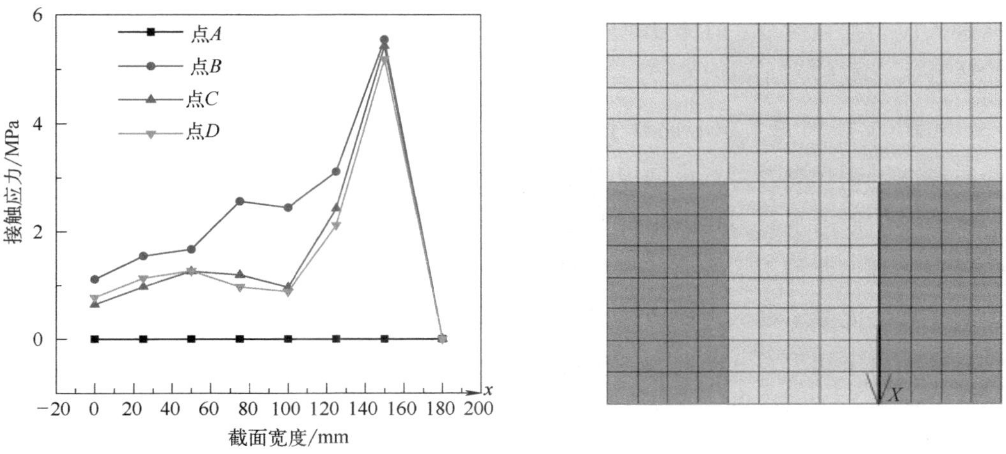

(a) 各点触应力　(b) 新旧混凝土接触点

图 3.8　新旧混凝土接触应力分布

钢管与混凝土之间的接触应力也很小，如图 3.9 所示。

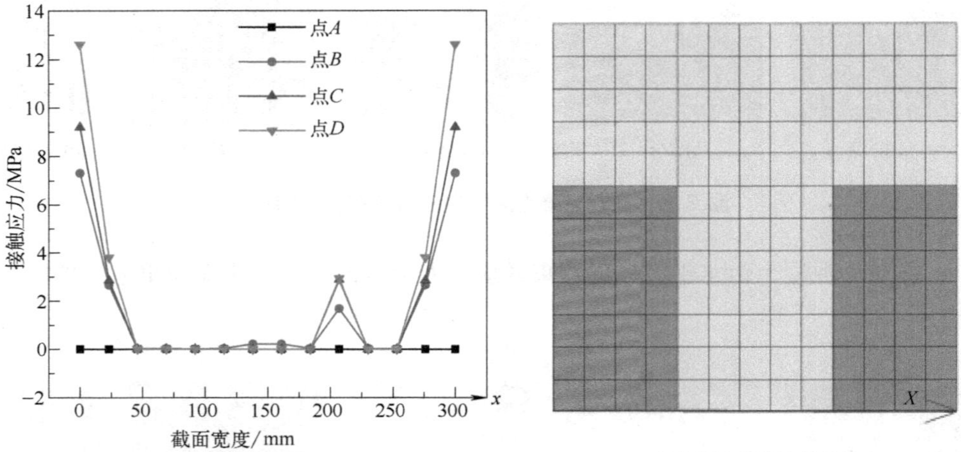

(a) 各点接触应力　　(b) 钢管与混凝土的接触点

图 3.9　钢管与混凝土接触应力分布

新旧混凝土之间、钢管与混凝土之间的接触应力很小，表明核心混凝土和钢管受到的约束作用很小，该阶段各部件单独受力。

④ AB 段的荷载-纵向位移曲线进入弹塑性阶段，并达到极限承载力。此阶段，外套钢管开始产生对核心混凝土的约束应力，并迅速增长，最终外套钢管在应力作用下进入屈服阶段。新旧混凝土间也出现接触应力。原柱钢筋在 AB 段达到屈服，并进入应变强化阶段；在点 B 处，构件整体包括原柱混凝土及后浇混凝土达到极限承载力，如图 3.10 所示。

由图 3.10 可见，核心混凝土的纵向应力分布是不均匀的，越靠近核心混凝土与后浇混凝土接触面，其纵向应力越低。

⑤ BC 段的承载力迅速下降并达到平稳。此阶段的原柱混凝土和后浇混凝土柱的极限承载力差别不大。由图 3.5 和图 3.10 可见，由于原柱混凝土的横向约束应力高于后浇混凝土柱，因此原柱混凝土比后浇混凝土柱呈现出更高的承载力。外套钢管的纵向承载力在此阶段基本保持恒定。由图 3.10 可知，核心混凝土的约束应力和新旧混凝土间的接触应力也在 B 点达到峰值。

⑥ 在 CD 段，加固柱的残余承载力基本保持稳定。同样，内部各元件的承载力在此阶段也基本保持不变。点 C 处加固柱的残余承载力为极限承载力的 64.68%。

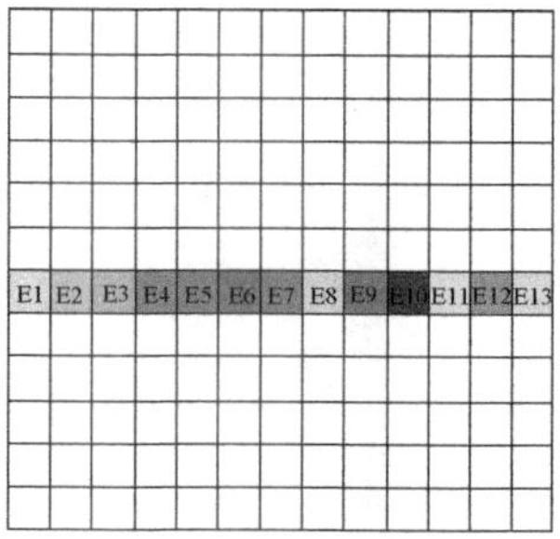

(a) 输出点位置分布

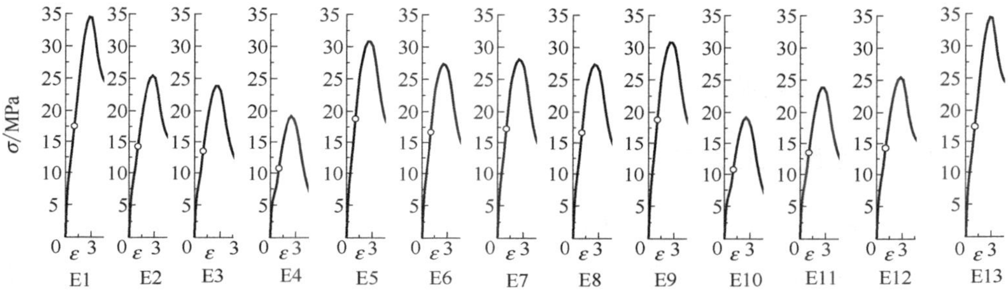

(b) 应力分布

图 3.10　核心混凝土纵向应力发展曲线（单位：MPa）

3.4　构件受力分析

根据上述模拟验证后的有限元模型，以试件 2-T300-3-R 为例，对试件进行受力分析，研究加固对试件的轴压性能影响。如图 3.11 所示为轴压作用下试件的原柱钢筋混凝土、后浇混凝土和钢管的 Mises 等效应力云图。

3.4.1　原柱钢筋混凝土受力

通过比较图 3.3 和图 3.11（a）可知，未加固前的钢筋混凝土柱在受到轴向位移荷载作用时混凝土首先承受压力，同时将力传递给钢筋共同承担。随着位移荷载的增加，钢筋开始发生变形，达到钢筋的屈服强度后，失去了原有的强度，混凝土与钢筋之间的黏结发生破坏，导致混凝土无法有效地与钢筋共同工作，从而引发整体破坏。而加固后，原柱钢筋混凝土在相同位移荷载作用下远没有达到破坏状态，应力均匀分散在构件各个方向，变形程度也远小于与加固前。构件仅在腹板、翼缘与面 5 处沿高度方向出现轻微鼓曲，并无明显侧向凹陷现象。这说明加固后构件的

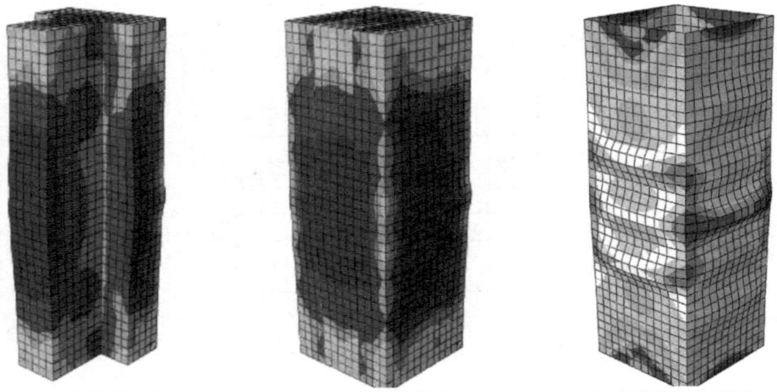

(a) T形钢筋混凝土柱　　(b) 后浇混凝土　　(c) 钢管应力云图

图 3.11　各部分应力云图

轴压性能得到了有效提升。

3.4.2　后浇混凝土受力

通过比较图 3.3 和图 3.11（b）可知，加固前短柱破坏时，构件侧向约束条件明显不足，整体易发生压碎破坏；而加固后的短柱在相同位移荷载作用下仅沿高度方向形成微小鼓曲，整体无明显变形。说明后浇混凝土增大了构件的轴压受力面积，降低了原柱钢筋混凝土的受力，提升了对原柱钢筋混凝土的约束作用，构件的抗压承载力与抗剪承载力得到了有效提升，延缓了原柱钢筋混凝土径向向外的侧向凹陷，提高构件的整体稳定性。

3.4.3　钢管受力

由图 3.11（c）可知，由于外套钢管的高强度、高刚度特性和对核心混凝土的套箍约束作用，使得核心混凝土的强度得到充分发挥。外套钢管加固后，构件的变形主要由钢管分担，降低了核心混凝土的受力，仅钢管中部形成 1～3 个鼓曲波，提高了混凝土柱侧向约束和构件的整体力学性能。

图 3.12 比较了加固前后的 T 形钢筋混凝土短柱轴压有限元模拟结果的荷载-纵向位移曲线与极限承载力。由图 3.12 可知，加固前 T 形钢筋混凝土短柱的轴压曲线末端存在下降段，表明构件延性较差。加固后的短柱荷载-纵向位移曲线整体远高于未加固前，下降段也较为平缓，展现出良好的延性。且由荷载-纵向位移曲线可知，极限承载力是加固前的 1.64 倍。说明外套钢管混凝土加固法可以明显提高 T 形钢筋混凝土柱的极限承载力与延性，适用于需大幅度提高承载力的加固情况。

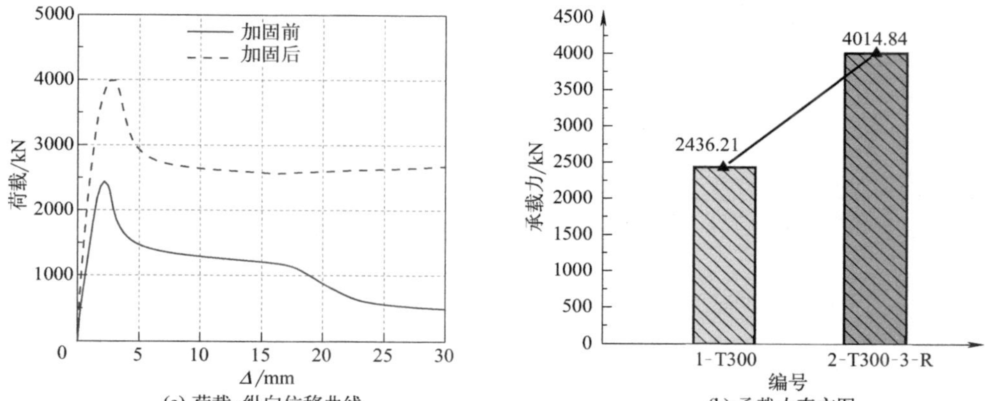

(a) 荷载-纵向位移曲线　(b) 承载力直方图

图 3.12　短柱加固前后的荷载-纵向位移曲线

3.5　各参数对加固柱轴压承载力影响

以 1-T300 为对比试件，分析外套钢管厚度与强度、后浇混凝土强度对加固短柱轴压性能的影响。图 3.13 所示为各参数下对荷载-纵向位移曲线的影响；根据有限元分析计算得到极限承载力列于表 3.2。

表 3.2　加固柱极限承载力

组号	编号	N_u/kN	增长比例/%
A	2-T300-3-R	4014.84	64.80
	3-T300-4-R	4367.55	79.28
	4-T300-5-R	4646.40	90.72
	5-T300-6-R	5101.13	109.39
	6-T300-7-R	5421.90	122.55
	7-T300-8-R	5742.37	135.71
B	5-T300-6-R	5101.13	109.39
	8-T300-6-R	5222.07	114.35
	9-T300-6-R	5335.79	119.02
	10-T300-6-R	5457.14	124.00
	11-T300-6-R	5571.71	128.70
C	5-T300-6-R	5101.13	109.39
	12-T300-6-R	5908.60	142.53
	13-T300-6-R	6226.09	155.56
	14-T300-6-R	6462.98	165.29

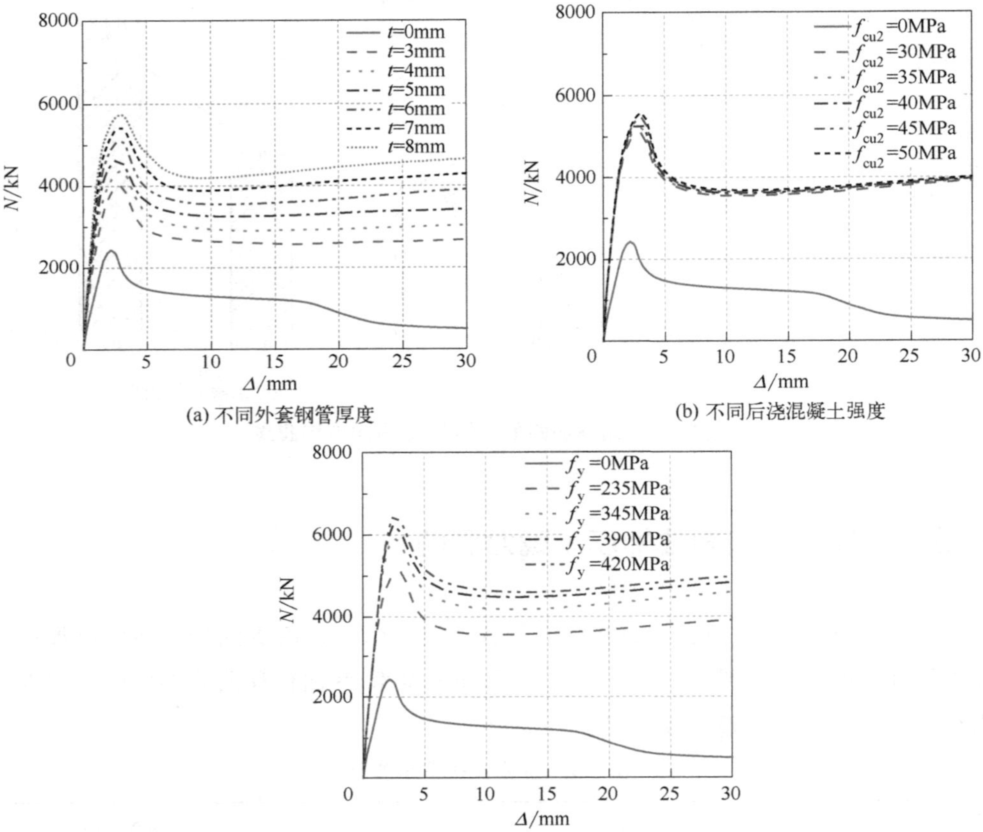

(a) 不同外套钢管厚度

(b) 不同后浇混凝土强度

(c) 不同外套钢管强度

图 3.13　各参数下对荷载-纵向位移曲线的影响

通过比较图 3.13 与表 3.2 中每组的极限承载力可知：①增设外套钢管加固并将厚度从 3.00mm 增加到 8.00mm 时，极限承载力相应增加了 135.71%；②增设后浇混凝土加固措施并将强度从 30.00MPa 增加至 50.00MPa 时，极限承载力相应增加了 128.70%；③增设外套钢管加固并将强度从 235.00MPa 增加到 420.00MP 时，极限承载力相应增加了 165.29%。

3.6　各参数对加固柱延性的影响

延性反映了构件的后期变形能力和吸收能量的能力，对保证结构整体承载力和发挥结构冗余潜力至关重要，同时有助于阻止结构发生连续倒塌。延性通过延性系数表示，其表达式为[40]

$$D_{\mathrm{I}}=\frac{\Delta_{\mathrm{u}}}{\Delta_{\mathrm{y}}} \tag{3.1}$$

式中，Δ_u 为荷载下降到峰值荷载 85%时的轴向位移；Δ_y 为荷载位移曲线对应屈服点的位移，由能量法确定。

以 1-T300 为对比试件，根据式（3.1）得到延性系数，列于表 3.3。

表 3.3　加固短柱延性系数

组号	编号	D_{I}	增长比例/%
A	2-T300-3-R	9.08	201.26
	3-T300-4-R	8.96	197.28
	4-T300-5-R	9.32	209.22
	5-T300-6-R	9.76	223.82
	6-T300-7-R	9.97	230.79
	7-T300-8-R	10.13	236.10
B	5-T300-6-R	9.76	223.82
	8-T300-6-R	9.72	222.50
	9-T300-6-R	9.68	221.17
	10-T300-6-R	9.64	219.84
	11-T300-6-R	9.60	218.51
C	5-T300-6-R	9.76	223.82
	12-T300-6-R	10.42	245.72
	13-T300-6-R	10.88	260.98
	14-T300-6-R	11.21	271.93

根据表 3.3 的延性系数绘制直方图，如图 3.14 所示。

比较图 3.14 和表 3.3 可得以下结论。

① 通过外套钢管的加固，试件的延性系数具有显著提升，当外套钢管厚度增加到 8.00mm 时，延性系数相应增加了 236.10%。这说明随着外套钢管厚度的增加，其约束效应得到增强；外套钢管的增厚增加了短柱整体的刚度和强度；较厚的钢管与混凝土之间的黏结强度也得到增强，有助于将外部载荷更有效地传递到混凝土中，从而延缓柱体的破坏，提高了构件的延性。

② 通过后浇混凝土的加固，试件延性系数整体得到大幅度增长，当后浇混凝土强度增至 50.00MPa 时延性系数相应增加了 218.51%，其中强度从 30MPa 增至 50.00MPa 时，延性系数小幅度下降了 5.31%。这说明后浇混凝土强度的提高可以增加构件的整体刚度和强度，但并不能对约束效应产生显著影响。约束效应主要由

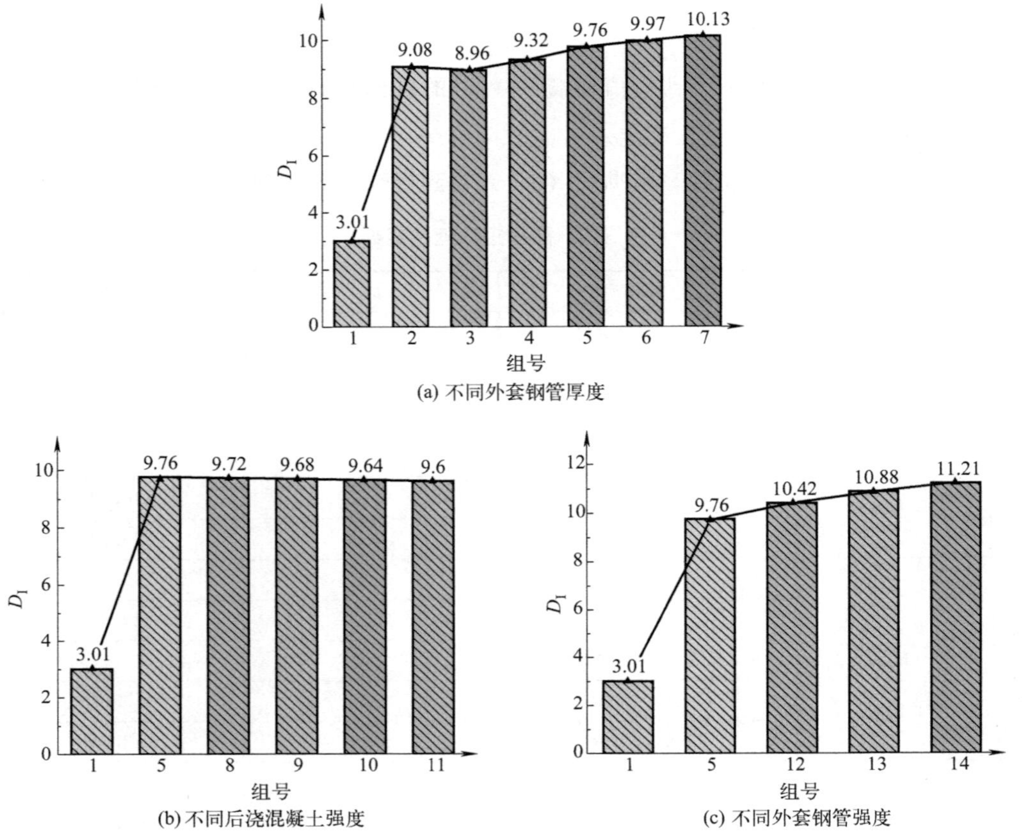

图 3.14　延性系数直方图

外套钢管提供，而提高后浇混凝土的强度并不会直接改变外套钢管的约束性能。

③ 随着外套钢管的加固，试件的延性系数增大幅度较为显著，当外套钢管强度增加至 420.00MPa 时，延性系数增加了 271.93%。这说明提高外套钢管强度可以显著提高钢管的横向刚度，能够抑制钢管局部屈曲，进而提高钢管对核心混凝土的约束效应。

3.7　轴压极限承载力计算

外套钢套管加固钢筋混凝土轴心受压短柱是由钢套管、混凝土、钢筋 3 种材料共同工作，其受力过程复杂，采用叠加法求其极限承载力既简单又快捷。当短柱达到极限承载力时，钢套管的纵向应力为零，径向应力非常小，可忽略不计，而环向应力达到钢材屈服强度 f_y，此时钢套管对核心混凝土的约束效应最大[41]。基于叠

加法，外套钢管加固柱的轴压承载力 $N_{u,cal}$ 可写成

$$N_{u,cal}=f_{cc1}A_{c1}+f_{cc2}A_{c2}+f_{y}A_{ls} \tag{3.2}$$

式中，$N_{u,cal}$ 为外套钢管加固柱轴压承载计算值；f_{cc1} 为原柱混凝土强度；A_{c1} 为原柱混凝土柱截面面积；f_{cc2} 为填充混凝土强度；A_{c2} 为填充混凝土截面面积；f_{y} 为纵向钢筋屈服强度；A_{ls} 为纵向钢筋截面面积。

基于数值模拟结果，计算有限元模型承载力时采用以下简化与假定：①平截面假定；②忽略原柱初始应力对加固柱承载力的影响；③忽略新旧混凝土之间以及钢套管与混凝土之间的黏结滑移；④忽略混凝土的受拉承载力；⑤核心混凝土在弯压区的应力呈均匀分布，应力大小为约束混凝土峰值强度；⑥钢套管在弯压区内的应力呈均匀分布，应力大小为钢管屈服应力[42]。

采用 Huang[43] 提出的约束混凝土模型计算约束混凝土强度，计算公式如下。

$$f_{cc1}=f_{co1}\left[1+k\,\frac{1.6f_{y}t}{f_{cu1}D}\left(\frac{28}{f_{cu1}}\right)^{0.15}\right] \tag{3.3}$$

$$f_{cc2}=f_{co2}\left[1+k\,\frac{1.6f_{y}t}{f_{cu2}D}\left(\frac{28}{f_{cu2}}\right)^{0.15}\right] \tag{3.4}$$

式中，f_{cc1} 和 f_{cc2} 分别为原柱混凝土和填充混凝土的轴心抗压强度；f_{cu1} 和 f_{cu2} 分别为原柱混凝土和填充混凝土的抗压强度，取为其立方体强度的 0.76 倍；D 为外套钢管混凝土加固柱的边长；k 为经验系数，经过试算可取为 2.7。

为验证上述公式的可靠性，利用式（3.2）～式（3.4）确定本书有限元模型的轴压承载力，结果见表 3.4。

表 3.4　模拟值与计算值比较

编号	模拟值 N_u/kN	计算值 $N_{u,cal}$/kN	$N_{u,cal}/N_u$
2-T300-3-R	4014.84	3475.42	0.866
3-T300-4-R	4367.55	3776.84	0.865
4-T300-5-R	4646.40	4078.27	0.878
5-T300-6-R	5101.13	4379.69	0.859
6-T300-7-R	5421.90	4681.12	0.863
7-T300-8-R	5742.37	4982.54	0.868
8-T300-6-R	5222.07	4465.82	0.855
9-T300-6-R	5335.79	4552.06	0.853
10-T300-6-R	5457.14	4638.16	0.850
11-T300-6-R	5571.71	4723.97	0.848

续表

编号	模拟值 N_u/kN	计算值 $N_{u,cal}$/kN	$N_{u,cal}/N_u$
12-T300-6-R	5908.60	5651.15	0.956
13-T300-6-R	6226.09	6100.77	0.980
14-T300-6-R	6462.98	6400.52	0.990

公式计算结果和有限元计算承载力对比结果可见：计算承载力与计算有限元模型承载力比值的平均值为 0.887，方差为 0.05，说明本书提出的承载力简化计算公式能准确地反映外套钢管混凝土加固柱的轴压承载力。叠加法公式可以较好地预测外套钢管混凝土加固柱的轴压承载力。

3.8 本章小结

本章通过对外套钢管混凝土加固 T 形钢筋混凝土短柱轴压性能进行有限元模拟分析，得到的主要结论如下。

① 首先建立 ABAQUS 精细化模型，通过材料本构标定、接触界面处理与边界条件设置，准确复现加固前后轴压全过程力学行为。验证表明，模拟破坏形态与试验高度一致，荷载-位移曲线吻合度达 0.99，为后续参数分析奠定可靠基础。

② 机理层面，研究将加载过程划分为弹性、弹塑性、极限与残余四阶段，揭示外套钢管通过环向约束显著提升核心混凝土三向受压强度，延缓裂缝发展；后浇混凝土协同受力，分担轴压荷载并抑制原柱侧向鼓曲，实现“钢-混”协同工作。参数分析表明：外套钢管厚度由 3mm 增至 8mm，极限承载力提高 135.7%，延性系数提升 236.1%；钢管强度由 235MPa 提至 420MPa，承载力增长 165.3%，延性系数增加 271.9%；后浇混凝土强度由 30MPa 提至 50MPa，承载力提升 128.7%，但对延性贡献有限。结果强调钢管厚度与强度为提升加固效能的关键指标。

③ 基于叠加法提出轴压极限承载力简化计算公式，引入约束效应系数、套箍折减系数与混凝土强化系数，理论值与有限元结果平均比值为 0.887，标准差为 0.05，验证其工程适用性。研究成果为异形柱加固设计提供“试验—模拟—公式”闭环依据，兼具理论深度与工程推广价值。

参考文献

[1] 程东辉，高佩罡，曹佳丽. CFRP 布带加固 T 形截面混凝土柱轴心受压试验 [J]. 沈阳建

筑大学学报（自然科学版），2021，37（2）：235-242.

[2] 苏昊，杨俊，周建庭，等. 基于 DIC 的 UHPC 加固锈蚀钢筋混凝土柱轴心受压性能研究 [J]. 材料导报，2021，35（S2）：194-199.

[3] 赵均海，陈彦雄，张焕青. CFRP-圆钢管混凝土加固 RC 方形短柱的承载力 [J]. 广西大学学报（自然科学版），2021，46（5）：1130-1138.

[4] 赵要康，王新玲，李可. 钢绞线网-ECC 加固 RC 柱小偏心受压承载力研究 [J]. 建筑结构学报，2023，44（10）：188-196.

[5] 卢亦焱. 外套钢管混凝土加固 RC 柱技术研究进展 [J]. 建筑结构学报，2021，42（12）：90-100.

[6] 李孝忠，张素梅. 外套钢管加固的钢管混凝土柱轴压力学性能研究 [J]. 工业建筑，2022，52（10）：122-130.

[7] Hossain K M A，Yeganeh A E. Axially Damaged RC Piers Repaired with Different Types of High Performance Concrete Jackets [J]. Arabian Journal for Science and Engineering，2023，48（10）：34-45.

[8] 陈庆军，黎哲，蒙何彬，等. 钢套管再生混凝土加固钢筋混凝土柱偏压性能 [J]. 湖南大学学报（自然科学版），2018，45（3）：29-38.

[9] 李杉，赵芹，卢亦焱，等. 方钢管夹层混凝土加固受损 RC 柱偏压性能研究 [J]. 武汉理工大学学报，2020，42（8）：51-56.

[10] 卢亦焱，梁鸿骏，李杉，等. 方钢管自密实混凝土加固钢筋混凝土方形截面短柱轴压性能试验研究 [J]. 建筑结构学报，2015，36（7）：43-50.

[11] 高奔浩，王静峰，沈奇罕，等. 钢管加固钢筋混凝土短柱的偏压性能试验和计算方法研究 [J]. 工业建筑，2021，51（2）：199-205.

[12] 梁冬，吴杰春，张八秀，等. 混凝土柱局部分拆支顶置换加固技术研究 [J]. 建筑结构，2022，52（24）：82-87，137.

[13] 殷晓三，梁鸿骏，卢亦焱，等. 钢套管混凝土加固 RC 柱轴压受力全过程分析 [J]. 应用基础与工程科学学报，2022，30（3）：566-578.

[14] 寇佳亮，李豹，徐炎，等. 高延性混凝土加固震损混凝土短柱轴压性能试验及承载能力研究 [J]. 振动与冲击，2021，40（16）：234-244，252.

[15] 程东辉，姚宇航，王丽. CFRP 布对不同截面混凝土柱加固性能分析 [J]. 建筑科学与工程学报，2023，40（3）：40-49.

[16] 程东辉，曹佳丽，高佩罡. CFRP 布条带加固 T 形柱力学性能分析 [J]. 建筑科学，2022，38（9）：143-150.

[17] Caisen W，Jiongfeng L，Wei L，et al. Axial compression performance of square concrete filled double skin SHS steel tubular columns confined by CFRP. [J]. Scientific reports，2023，13（1）：10075-10075.

[18]　周安，苏小龙，沈凯凯，等．玄武岩纤维布加固混凝土柱轴压试验研究［J］．合肥工业大学学报（自然科学版），2016，39（8）：1080-1083．

[19]　沈惠军，郑和晖，张峰，等．新型 BFRP 布加固混凝土方柱轴压性能试验研究［J］．复合材料科学与工程，2023（9）：106-111．

[20]　Hou C，Ma G，Hwang J H，et al．Axial compressive behavior and model analysis of BFRP-jacketed corroded and pre-damaged circular reinforced concrete columns［J］．Engineering Structures，2024，302（4）：117467-117479．

[21]　Yang Z，Xu C，Li G．Behavior of GFRP tube confined hollow high-strength concrete short columns under axial compression［J］．Structures，2024，61（3）：213-228．

[22]　Wu H，Wang Y．Experimental study on reinforced high-strength concrete short columns confined with AFRP sheets［J］．Steel and Composite Structures，2010，10（6）：345-358．

[23]　周毅，张洪华，李炜．三向织物约束混凝土圆柱轴压性能研究［J］．复合材料科学与工程，2022（10）：91-98．

[24]　相泽辉，周杰，牛建刚，等．混凝土帆布与 CFRP 条带联合加固方形截面混凝土短柱轴心受压力学性能［J］．复合材料学报，2022，39（10）：4824-4838．

[25]　徐冬梅，刘华新，李艳．BFRP 条带-PVC 管材复合加固纤维再生混凝土短柱轴压性能［J］．复合材料科学与工程，2024，3（6）：95-105．

[26]　孙燕，王痛快，杨文伟．复合加固混凝土柱轴压承载力计算及力学性能研究［J］．工程抗震与加固改造，2022，44（6）：127-135．

[27]　胡强，贾松林，况哲阳，等．自密实混凝土与外包角钢联合加固混凝土柱抗震性能试验研究［J］．建筑结构，2021，51（10）：92-103．

[28]　邢国华，赵嘉华，常召群，等．形状记忆合金嵌入式加固钢筋混凝土柱抗震性能试验［J］．哈尔滨工业大学学报，2024．（3）：311-12．

[29]　司建辉，陈杰斌，郭杨博．预应力钢绞线-角钢复合加固预损混凝土柱轴压性能试验研究［J］．建筑科学，2021，37（9）：105-113．

[30]　谢剑，杨丽，徐福泉．预应力钢箍加固混凝土圆形短柱轴压性能研究［J］．工程力学，2020，37（11）：195-208．

[31]　颜宇鸿，卢亦焱，李杉，等．碳纤维编织网增强 ECC 加固钢管混凝土短柱压弯承载力计算方法［J］．建筑结构学报，2023，44（10）：178-187．

[32]　成彤，李宁景，陈光明，等．带纤维编织网增强 ECC 层钢管混凝土轴压力学性能试验研究［J］．西安建筑科技大学学报（自然科学版），2022，54（2）：202-210，317．

[33]　张阳玺，李睿喆，邓明科，等．超高性能混凝土加固钢筋混凝土柱抗震性能试验研究［J］．建筑结构学报，2023，44（8）：88-98．

[34]　Feng Y X，Jian S，Ju P S．Study on Seismic Behavior of T-Shaped Concrete-Filled Steel

Tube Compound Column under Different Axial Compression Ratios [J]. Advanced Materials Research, 2011, 368 (3): 1539-1542.

[35] 韩林海. 钢管混凝土结构原理 [M]. 北京：中国建筑工业出版社，2023.

[36] 陈宗平，苏炜炜，杨阳. 压弯剪扭钢筋混凝土 T 形截面柱抗震性能试验研究 [J]. 应用基础与工程科学学报，2023，31 (2)：413-427.

[37] 赵磊. 外包钢加固钢筋混凝土柱的非线性分析 [D]. 兰州：兰州理工大学，2017.

[38] 周剑. 预制混凝土空心模剪力墙应用技术研究 [D]. 北京：清华大学，2016.

[39] 刘威. 钢管混凝土局部受压时的工作机理研究 [D]. 福州：福州大学，2005.

[40] 殷晓三. 无明显屈服特征构件屈服点的确定与评价 [J] 地震工程与工程振动，2019，39 (3)：143-150.

[41] Zhang S M, Li X Z, Chen X T, et al. Behavior of circular-steel-tube-confined square CFST short columns under axial compression [J]. Journal of Building Engineering, 2022, 51 (2): 30-45.

[42] 何岸. 钢套管再生混凝土加固柱力学性能研究 [D]. 广州：华南理工大学，2017.

[43] Huang, Y, Xiao, J, Zhang, C. Theoretical study on mechanical behavior of steel confined recycled aggregate concrete [J]. Journal of Constructional Steel Research, 2012, 76 (3): 100-111.

第4章 新型盖板式外加强环L形钢管混凝土柱-钢梁节点有限元模拟与分析

4.1 引言

L形钢管混凝土柱-钢梁节点作为一种新型的结构形式，凭借其显著的技术优势，该解决方案已逐步成为多层公共建筑和工业生产设施中的优选方案。然而，其抗震性能尚未得到充分的研究和评估。本章旨在通过数值模拟的方法，深入研究盖板式外加强环L形钢管混凝土柱-钢梁节点的抗震性能，并与传统的外加强环式、外套钢管式及端板螺栓式节点进行对比分析。

在以往的研究和实际工程应用中，虽然对传统节点的力学性能有了一定的了解，但在复杂的地震工况下，这些节点仍然存在一些不足之处。例如，外加强环式节点易出现焊缝开裂导致承载力下降；端板螺栓式节点在往复荷载作用下螺栓易松动脱落，影响结构整体性；而隔板式节点则因施工难度大、成本高等问题限制了其应用范围。针对这些问题，本章提出了一种新型的盖板式外加强环L形钢管混凝土柱-钢梁节点设计。

为了全面系统地评估该新型节点的抗震性能，基于ABAQUS有限元软件建立了精细化模型，并对其在低周往复荷载作用下的力学行为进行了模拟。通过对比不同节点的破坏形态、滞回曲线、承载力、刚度退化、延性性能及耗能能力等关键指标，揭示各类型节点的抗震性能差异，为异形钢管混凝土梁柱节点的抗震设计提供科学依据和优化思路。

4.2 节点设计

钢管混凝土柱在受压状态时，钢管会对核心混凝土产生约束效应，能显著提升构件的抗屈曲能力。而异形钢管混凝土柱在此基础上能通过截面优化降低结构自重，在保证承载力的前提下实现材料用量节约与空间利用率提升。对于 L 形钢管混凝土柱-钢梁节点的设计遵循“强柱弱梁、强剪弱弯、强节点弱构件”原则。

4.2.1 既有节点不足

常见的梁柱节点连接形式有外加强环板式节点、端板螺栓式节点和隔板连接式节点。

(1) 外加强环板式节点

外加强环板作为节点核心传力部件至关重要。外加强环板直接与外钢管焊接时，一旦出现焊缝开裂情况，会导致裂缝的迅速扩展，同时承载力急剧下降，节点的塑性变形能力降低，不能满足建筑抗震性能的要求。此外，该类节点会限制节点的灵活性，后期调整或改造较为困难。因此，在设计初期需要系统地考虑结构的未来力学性能要求和可能的修改变动。

(2) 端板螺栓式节点

该类型节点通过螺栓将梁、柱、连接板组合起来，往复荷载作用下螺栓承受柱梁间的轴向拉力和剪力，需要对螺栓施加预紧力来承受并传递荷载。因此，当遭受较大地震作用时钢梁翼缘拉力较大，会发生梁柱连接侧的钢管柱壁局部变形，导致螺栓松动脱落，造成螺栓的连接作用失效，影响结构的整体抗震性能。另外，长期使用过程中螺栓会发生疲劳松动问题，影响结构的稳定性和安全性。因此，需要定期对节点进行检查和维修，以确保螺栓的预紧力符合抗震性能要求。

(3) 隔板连接式节点

该类节点通过隔板连接梁柱，施工的复杂性和成本高于前两种节点形式。另外，在钢管尺寸较小或建筑物高度较高的情况下，钢管柱内部焊接内隔板较困难，焊接质量难以保证，从而影响节点性能。钢梁翼缘与外钢管直接焊接过程中产生的残余应力可能导致结构初始缺陷。钢梁翼缘会在弯矩作用下产生较大的拉力，这可能导致外套钢管出现较大变形。因此，该类节点一般针对普通钢管混凝土柱与梁的连接，对异形钢管混凝土柱并不适用。

4.2.2 节点设计理念与思路

L形钢管混凝土柱-钢梁节点属于异形钢管混凝土柱-钢梁节点的一种，其研究重点如下。

① 明确节点传力路径。钢梁作为主要耗能构件，借助翼缘将弯矩传递给外加强环与端板，进而使外加强环受拉、端板承受弯矩，并经外加强环将荷载传递至钢管混凝土柱，同时端板与柱壁通过螺栓相连。

② 结构设计合理，便于施工。节点满足承载力要求，且塑性铰远离连接核心区，达成“强柱弱梁”的设计理念。

研究表明，外加强环板能显著增强钢梁对柱的荷载传递能力，并与柱协同承载，提升节点力学性能。然而，外加强环板常采用焊接方式与钢梁相连，易导致焊接处应力集中，引发脆性破坏，降低抗震性能。为此，将外加强环板延长并与钢梁搭接，同时设置有无外加强环板及对比外套钢管式节点。该新型节点组装时，先焊接端板与外加强环板，把外加强环板套入L形钢管混凝土柱中，经螺栓定位锚固端板与钢梁；再围绕L形钢管混凝土柱四周与外加强环板焊接；最后将H型钢梁插入外加强环间，并焊接固定钢梁、外加强环板、端板，其连接形式见图4.1。

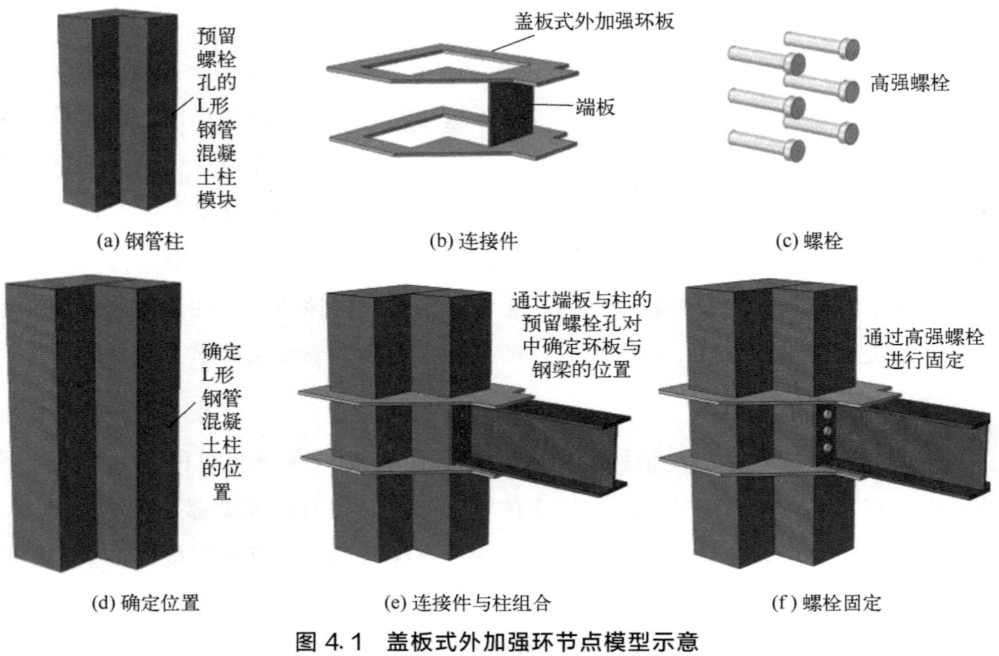

(a) 钢管柱　(b) 连接件　(c) 螺栓

(d) 确定位置　(e) 连接件与柱组合　(f) 螺栓固定

图4.1 盖板式外加强环节点模型示意

4.3 有限元模型的建立

4.3.1 模型设计参数

参考《钢管混凝土结构技术规范》（GB 50936—2014）[1]，多层民用建筑及工业厂房中普遍采用框架结构，通过对典型框架的研究发现，根据节点的位置，平面框架中包含多种节点类型，分别有底层边节点、底层中节点、中间层边节点、中间层中节点、顶层边节点和顶层中节点，如图 4.2 所示。

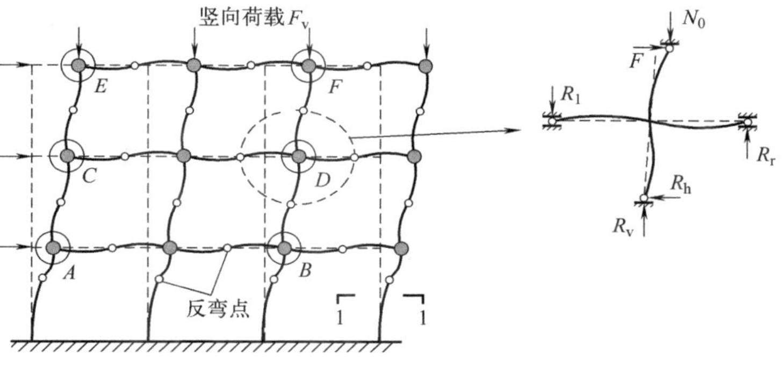

图 4.2 节点类型从实际平面框架选取方法

为了更直观地研究框架中梁柱节点的抗震性能，依据典型平面框架的反弯点分布特征，确定跨层边节点为关键分析对象。试件设计参照《矩形钢管混凝土结构技术规程》（CECS 159：2004）[2]、《钢管混凝土结构技术规范》（GB 50936—2014）[1]、《钢结构设计标准》（GB 50017—2017）[3]、《建筑抗震设计规范》（2016 年版）（GB 50011—2010）[4]、《混凝土结构设计规范》（2015 年版）（GB 50010—2010）[5]、《钢管结构技术规程》（CECS 280—2010）[6] 以及其他技术标准。框架的跨度和层高分别设定为 4800mm 和 2800mm，并设计了 9 个 L 形钢管混凝土柱-钢梁节点试件，以考察外套钢管式、外环板类型、无外环板式节点的抗震性能差异。

节点试件按外环板类型分为两组。第一组为采用盖板式外加强环的节点，编号分别为 GBJ1-1、GBJ1-2、GBJ1-3 和 GBJ1-4。其中，试件 GBJ1-1 作为基准试件，其盖板式外加强环厚 10mm，采用强度等级为 C40 的混凝土，轴压比为 0.3，螺栓半径与长度分别为 10mm 与 100mm。第二组包括环板式、外套式、端板式节点试件，编号分别为 HBJ2-1、HBJ2-2、HBJ2-3、WTJ3-1 和 DBJ4-1。外环板形式的改变会影响节点传力机制，进而改变节点力学性能，因此通过与其他节点形式进行对比和参数化分析。环板式节点与第一组参数设置相同。节点试件的参数设置总结见表 4.1。

表 4.1　节点试件的参数设置总结

试件编号	外环板类型	加强环外伸长度 t_b/mm	轴压比	端板厚度 t_d/mm
GBJ1-1	盖板式	100	0.3	10
GBJ1-2	盖板式	150	0.3	10
GBJ1-3	盖板式	100	0.4	10
GBJ1-4	盖板式	100	0.3	15
HBJ2-1	环板式	—	0.3	10
HBJ2-2	环板式	—	0.4	10
HBJ2-3	环板式	—	0.3	15
WTJ3-1	外套式	—	0.3	10
DBJ4-1	端板式	—	0.3	10

为真实模拟钢管混凝土柱的受力特性，研究中对钢管混凝土柱顶端施加轴向压力，并将 L 形钢管混凝土柱的轴压比设定为 0.3。轴压比 n 是指柱轴压力设计值与柱全截面面积和混凝土轴心抗压强度设计值乘积之比，计算公式为

$$n=N/(f_cA_c+fA_s) \tag{4.1}$$

式中，N 为柱轴压力设计值；f_c 为混凝土轴心抗压强度设计值，取强度等级为 C40 的混凝土；f 为钢材抗压强度设计值，取 Q235 钢的抗压强度设计值；A_c 为混凝土截面面积；A_s 为钢管截面面积。

按照不同构件钢管与混凝土截面面积、钢材与混凝土强度取值代入式 (4.1)，计算得到柱顶轴压力，并将其以集中力的方式均匀分布于柱顶。各节点构件尺寸与连接方法如图 4.3～图 4.5 所示。

节点模型尺寸参数如表 4.2 所示。

表 4.2　节点模型尺寸参数

试件编号	外套钢管厚度 d_t/mm	端板尺寸 $l_3\times l_4\times t_3$ /mm	螺栓垂直孔距 s_1 /mm	螺栓数量 /个
GBJ1-1	—	244×228×10	61	6
HBJ2-1	—	384×228×10	61(96)	10
WTJ3-1	10	—	61	6
DBJ4-1	—	384×228×10	61(96)	10

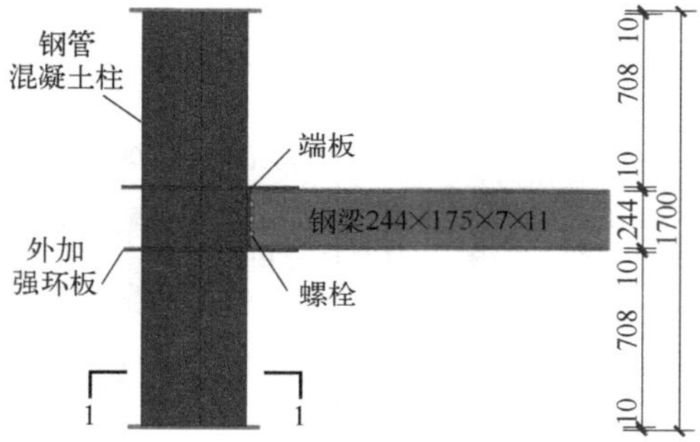

(a) 盖板式节点

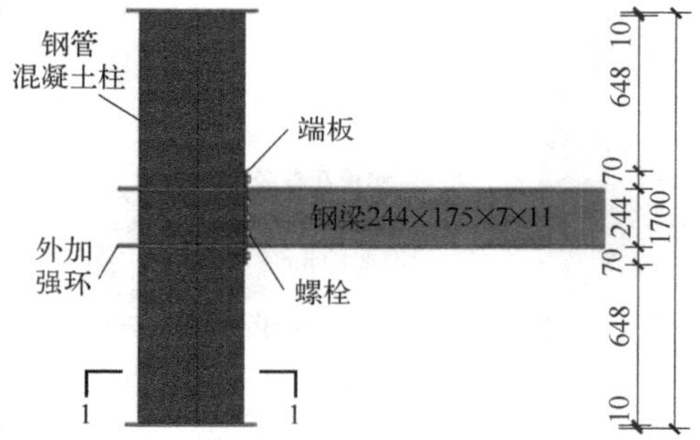

(b) 环板式节点

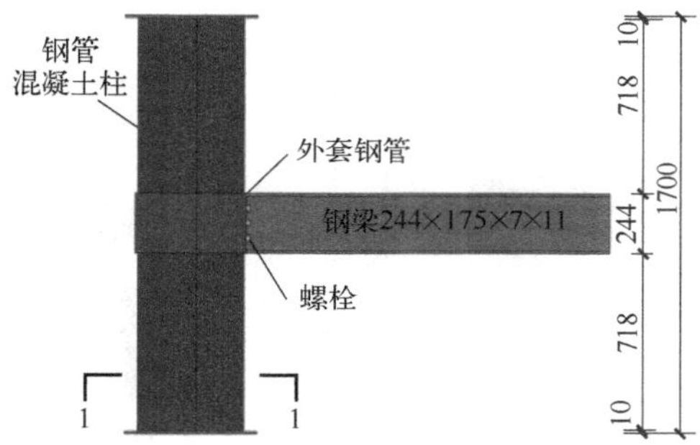

(c) 外套式节点

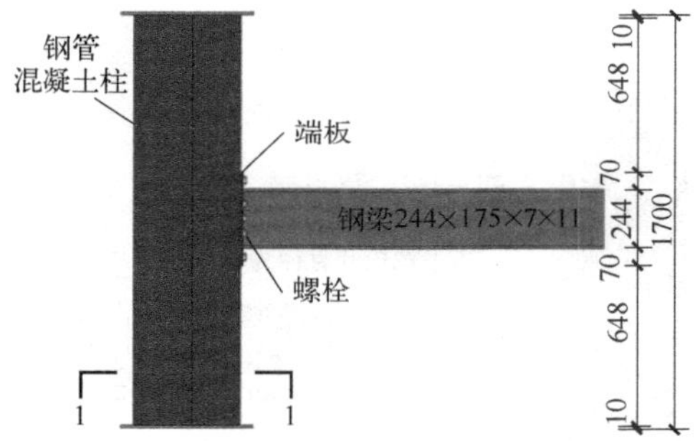

(d) 端板式节点

图 4.3　节点正视图

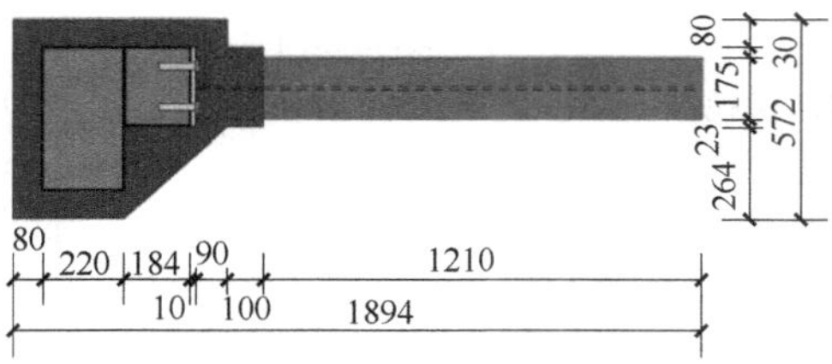

(a) 盖板式节点

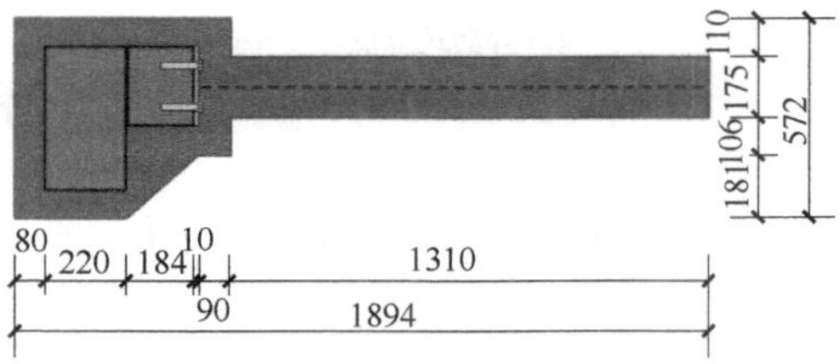

(b) 环板式节点

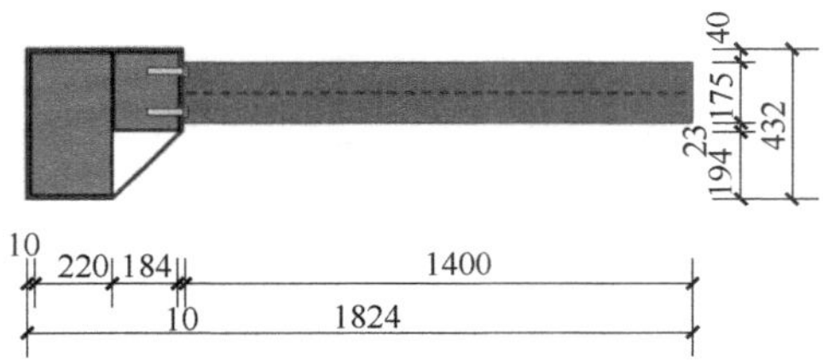

(c) 外套式节点

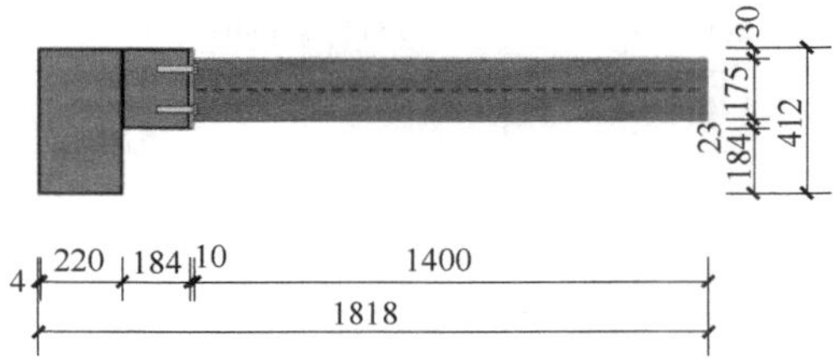

(d) 端板式节点

图 4.4　节点俯视图

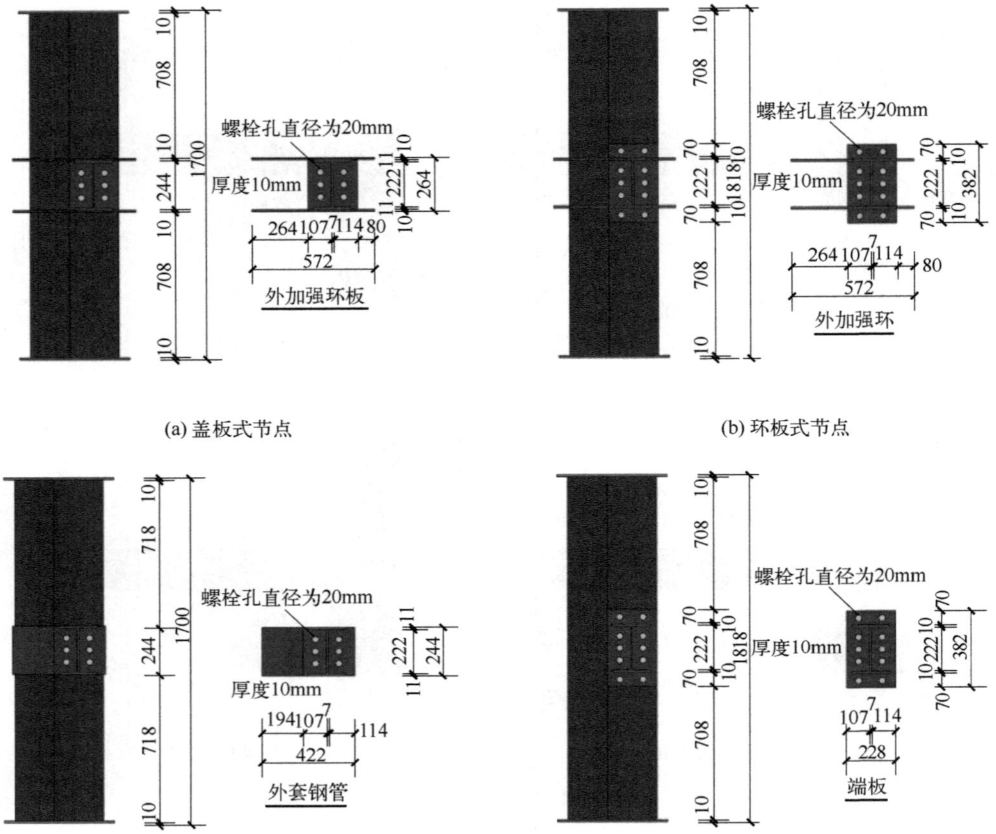

(a) 盖板式节点　　(b) 环板式节点

(c) 外套式节点　　(d) 端板式节点

图 4.5　节点侧视图

试件采用的钢管、外环板、H 型钢、外套钢管和端板等钢材力学性能，如表 4.3 所示。

表 4.3　钢材力学参数

试件编号	厚度 t_4/mm	f_y/MPa	f_u/MPa	E_s/GPa
钢管	4	235	436	201
外环板	11	281	427	206
H 型钢	—	286	427	206
外套钢管	10	235	436	201
端板	10	235	436	201

注：f_y 为钢材屈服强度设计值；f_u 为钢材极限强度设计值；E_s 为钢材弹性模量。

其中 L 形外套钢管采用一根矩形钢管与一根槽型钢焊接而成，矩形钢管截面尺寸为 $a_1 \times b_1 \times t_1 = 412\text{mm} \times 228\text{mm} \times 4\text{mm}$，槽型钢截面尺寸为 $a_2 \times b_2 \times t_2 = 228\text{mm} \times 184\text{mm} \times 4\text{mm}$。混凝土柱截面规格为 404mm×220mm 与 220mm×180mm，钢管与混凝土柱高度一致，均为 1680mm；钢梁截面规格为 HM244×175×7×11，钢梁全长 1400mm；钢管内混凝土标准立方体平均抗压强度设计值为 40.00MPa。

根据现行《钢结构设计标准》(GB 50017—2017)[3] 规定，实际工程中螺栓孔直径需比螺栓公称直径大 1.0～1.5mm，以满足安装适配性。但在有限元模拟过程中，为确保螺栓与孔壁的有效接触精度，针对 10.9 级 M20 高强螺栓，采用等直径匹配设计，即取螺栓孔直径与螺栓公称直径同为 20mm。该高强螺栓材料性能参数具体为：屈服强度 921.00MPa，抗拉强度 1010.00MPa，水平方向螺栓孔间距设计为 109mm。经数值模拟验证，该构造设计在保证接触非线性收敛稳定性的同时，其几何参数设置满足钢结构连接节点的基本构造要求。

4.3.2　材料的本构模型

针对材料本构模型的建立，本章延续第 2 章建立的差异化本构策略：钢材体系采用区分高强螺栓（双线性强化模型）与其他构件（三线性强化模型）的差异化建模方法，混凝土则基于韩林海约束效应理论[8] 结合 ABAQUS 塑性损伤模型构建，具体材料参数与损伤演化系数均采用第 2 章表 2.1 的数据。

4.3.3　相互作用的设置

ABAQUS 在相互作用模块定义各部件之间接触和约束关系，通过建立部件连接并协同工作。不同约束类型定义部件间的约束关系，用法向上的“硬接触”和切向上的“罚函数”来模拟接触。模型中采用的约束关系包括绑定约束、耦合约束、内置（嵌入）区域约束，均为法向和切向两个方向的接触关系。单元之间在法向方向可以相互挤压，但不能发生穿透，因此定义为“硬接触”。切向方向考虑界面间的相对滑动，服从库仑摩擦准则，接触界面的临界应力为

$$\tau_c = \min\{\mu_f p, \tau_{bond}\} \tag{4.2}$$

$$\tau_{bond} = 2.314 - 0.0195 \frac{d}{t} \tag{4.3}$$

式中，μ_f 为界面间的摩擦系数；p 为界面间法向应力；τ_{bond} 为界面间的黏结应力；d 为核心混凝土的直径；t 为钢管壁厚。

基于节点模型接触约束的共性特征，选取盖板式外加强环L形钢管混凝土柱-钢梁节点作为典型代表开展多向接触机理研究。根据接触界面特性差异，主要划分为三类接触体系：混凝土与钢材界面、钢材间接触界面、螺栓-钢材接触界面。各接触界面均包含法向与切向作用机制，其中法向采用硬接触防止穿透，切向通过罚函数算法实现摩擦滑移行为的数值模拟，接触主从面根据网格密度和材料刚度差异进行优化匹配。

(1) 钢管内壁与混凝土表面接触关系

针对L形钢管混凝土柱的界面接触特性，采用表面接触算法精确表征钢管-混凝土复合作用机制。基于塑性损伤理论的三轴受压状态模拟需求，建立钢管内壁与混凝土表面接触对，其中法向接触定义为硬接触模式以阻止相互穿透，切向接触则通过罚函数算法模拟滑移摩擦效应。依据韩林海[8] 和 Baltay、Gjelsvik[9] 的界面摩擦试验研究，设置钢管与核心混凝土间摩擦系数为0.6。采用有限滑移理论描述接触面的相对运动，将网格密度较高的钢管内表面设置为主控面，从属面则为混凝土外表面，并在接触属性中激活“Adjust only to remove overclose”选项消除初始过盈量，如图4.6所示。

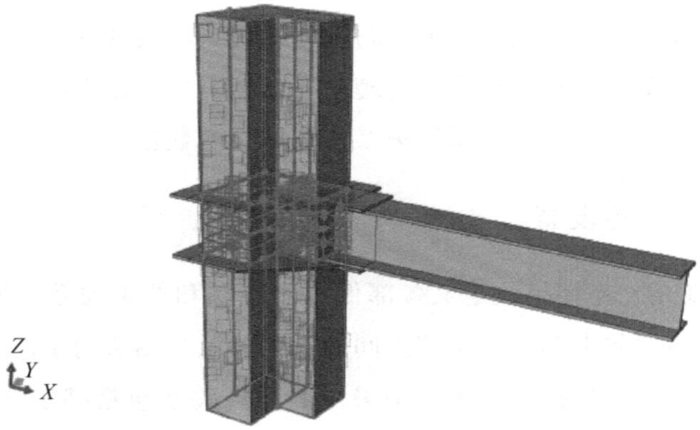

图4.6 钢管与混凝土的接触面示意

(2) 钢材之间的接触与约束关系

实际节点构造中，外加强环与钢管、外加强环外伸段与钢梁翼缘、端板与钢梁腹板等关键部位均采用全熔透焊接。数值模拟中通过绑定约束（tie constraint）严格限制焊接区域的相对位移，并运用装配模块的部件合并功能将外加强环与端板整合为单一部件，有效降低接触对数量，提升计算效率。钢材接触界面采用有限滑移接触算法，定义法向硬接触与切向库仑摩擦（$\mu=0.45$）组合机制，主从面选取遵循网格细化程度与材料刚度优先原则。构件装配过程中实施接触容差控制（adjust tolerance＝1mm），确保各接触面对初始位置的精确匹配，如图 4.7 所示。

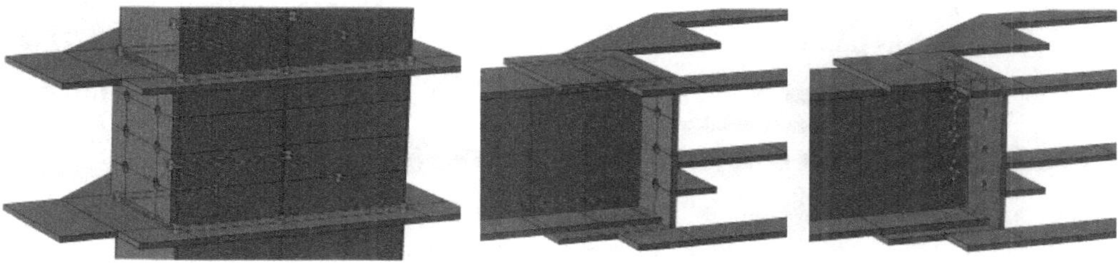

(a) 外环板与钢管　　(b) 外伸梁段与钢梁　　(c) 端板与钢梁

图 4.7　钢材之间的接触面

为保证梁端位移荷载的施加，梁端采取耦合约束，约束控制点 RP-3 设置在 H 型钢梁截面形心处，具体如图 4.8 所示。

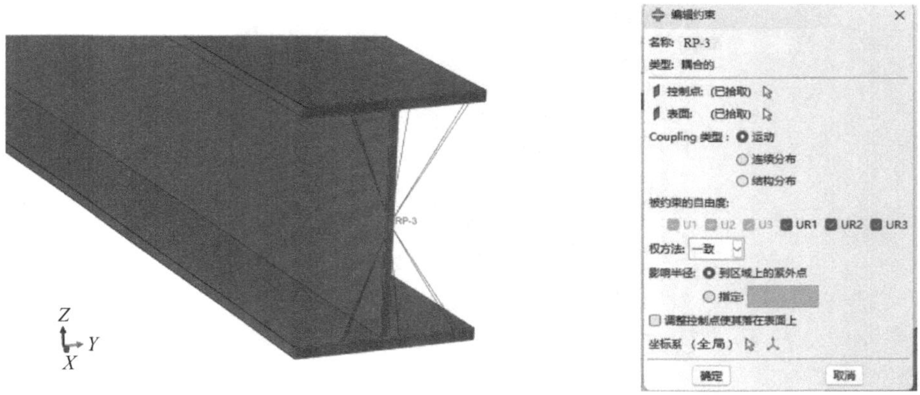

图 4.8　创建梁端截面的耦合约束

(3) 螺栓与钢材、混凝土之间的接触与约束关系

针对螺杆混凝土嵌固段的复杂接触机理，采用摩擦接触与嵌入式约束耦合的建模方法。摩擦接触体系包含螺杆-端板孔壁、螺杆-钢管孔壁及螺母-端板三组接触对，其中螺杆孔壁接触简化为等效圆柱面接触算法；嵌入式约束则通过混凝土内置区域（embedded region）实现螺杆与核心混凝土的协同工作。为提升收敛效率，建模时采用几何简化准则，忽略螺纹细节特征并剔除垫圈模型，通过单一接触对模拟螺母端面接触行为，如图 4.9 所示。

螺栓-端板/钢管接触界面采用有限滑移算法，定义法向硬接触与切向库仑摩擦（μ＝0.45）组合机制，通过节点-表面离散化技术（node-to-surface）消除主从面

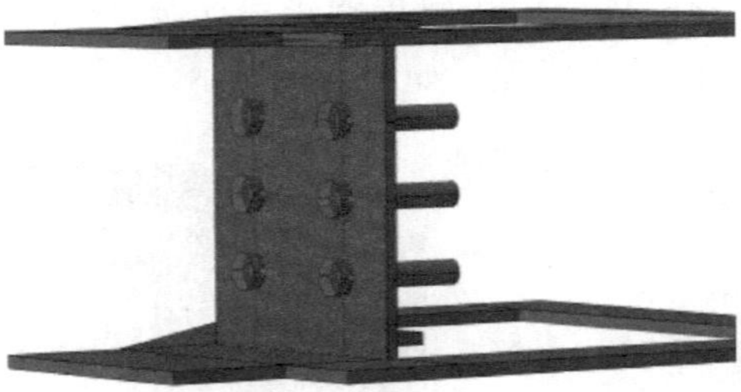

(a) 螺母与端板

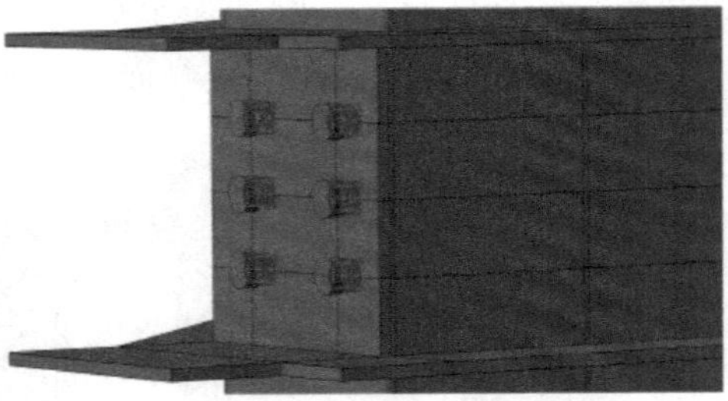

(b) 钢管、端板与螺栓

图 4.9 螺栓与钢材的接触面

穿透现象。接触容差控制方面，螺母接触面设置 1mm 调整容差保障初始接触紧密性，螺杆孔壁接触实施“消除初始过盈”优化策略。借鉴钢筋-混凝土协同工作机制，采用嵌入式约束算法将螺栓螺杆段嵌入核心混凝土区域，其中螺杆设为嵌入单元、混凝土作为宿主单元，实现两者位移场的完全协同，如图 4.10 所示。

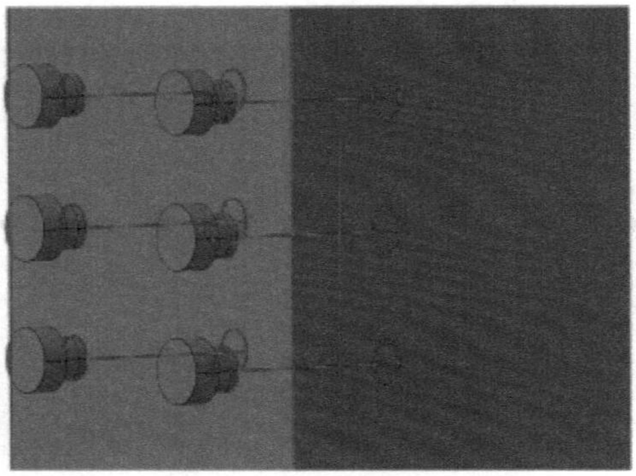

图 4.10 节点螺栓内部的约束关系

4.3.4 边界条件和加载制度

(1) 边界条件

基于实际工程约束特征，建立盖板式外加强环节点双向铰支约束模型，柱底设置固定铰支座（约束 x、y、z 轴平动及 x、z 轴转动），柱顶配置滑动铰支座（释放 y 轴平动）。通过柱顶/底端面参考点 RP-1/RP-2 建立耦合约束系统，其中 RP-1 施加轴压荷载并约束 x 轴平动与 x、z 轴转动（自由度编码：UX＝1，UY＝0，UZ＝1，ROTX＝1，ROTY＝0，ROTZ＝1），RP-2 全约束 x、y、z 轴平动及 x、z 轴转动（自由度编码：UX＝UY＝UZ＝ROTX＝ROTZ＝1），如图 4.11 所示。

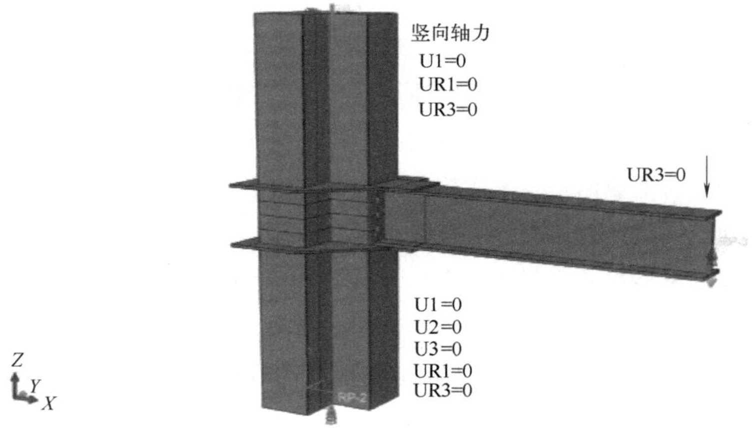

图 4.11　有限元模型边界条件

(2) 加载方式

柱顶在试验全周期内维持恒定轴压荷载（$n=0.3$），梁端通过参考点 RP-3 实施位移控制往复加载。加载系统设置时，约束 RP-3 绕 x 轴的转动自由度（ROTX=1），采用几何级数递增策略实施变幅分级加载，位移幅值按±8mm→±12.8mm→±16mm…等比数列发展（增幅系数 28.9%），每个位移级执行双循环加载。该加载制度通过位移控制模式有效捕捉节点非线性响应特征，其加载历程参数符合《建筑抗震试验规程》（JGJ/T 101—2015）中关于循环次数与幅值递增的要求，梁段加载方式如图 4.12 所示。

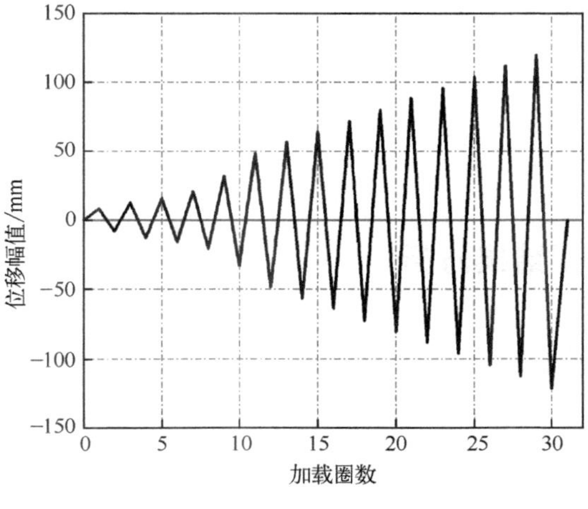

图 4.12　梁段加载方式

4.3.5　单元类型和网格划分

基于 ABAQUS 平台，节点各构件（混凝土、钢材、螺栓）均选用 C3D8R 六面体缩减积分单元，该单元类型兼具接触分析精度与计算效率优势。实施网格划分时，采用结构化自适应网格技术实施分部件独立剖分，通过接触界面网格协调策略保证主从接触面网格密度匹配（接触区种子密度比≤1.2）。特别建立主从面尺寸控制准则（从属面网格尺寸小于主控面），有效预防单元穿透现象。经网格敏感性分析确定最优尺寸参数：钢管与钢梁（25mm）、混凝土（50mm）、外环板（15mm）、螺栓（5mm），该分级网格体系在保证应力梯度区域解析精度的同时显著提升计算效率，如图 4.13 所示。

(a) 螺栓

(b) 钢梁

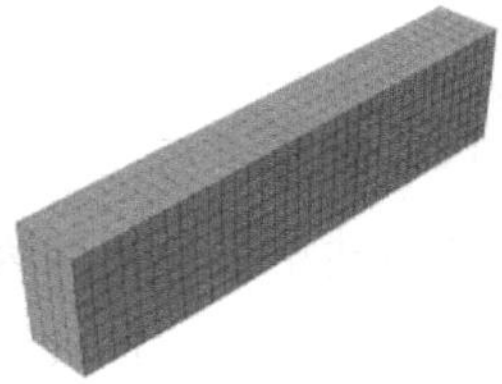

(c) 核心混凝土

(d) 外套钢管

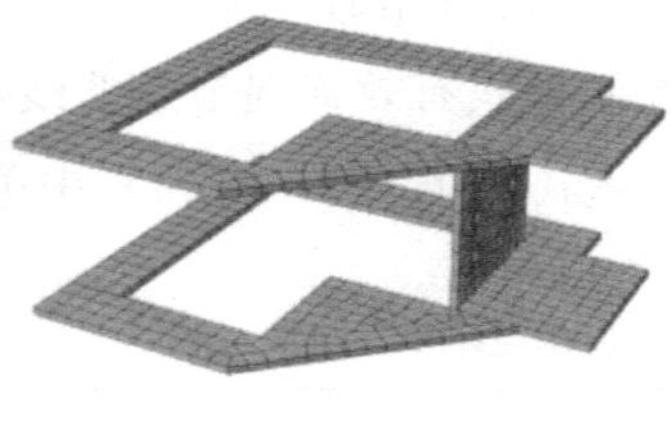

(e) 盖板式外加强环板

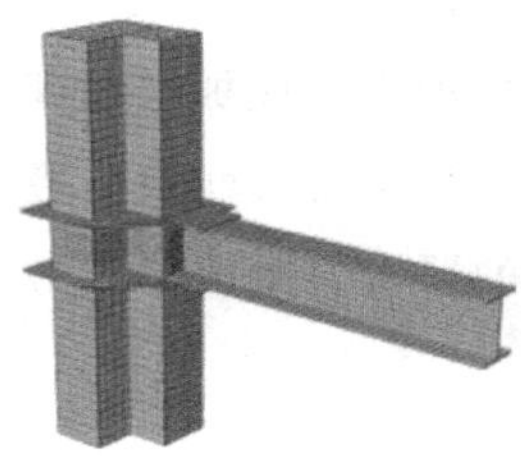

(f) 整体网格划分

图 4.13　有限元模型网格划分

4.4　有限元模型结果分析

基于 Mises 应力云图的分布特征开展塑性铰演变机制研究，选取四类典型节点试件（盖板式 GBJ1-1、环板式 HBJ2-1、外套式 WTJ3-1、端板式 DBJ4-1）作为对比组进行破坏模式分析。通过提取各节点极限状态下的应力-应变场分布云图（图 4.14～图 4.16），系统对比了不同构造形式节点的应力传递路径与塑性发展规律。

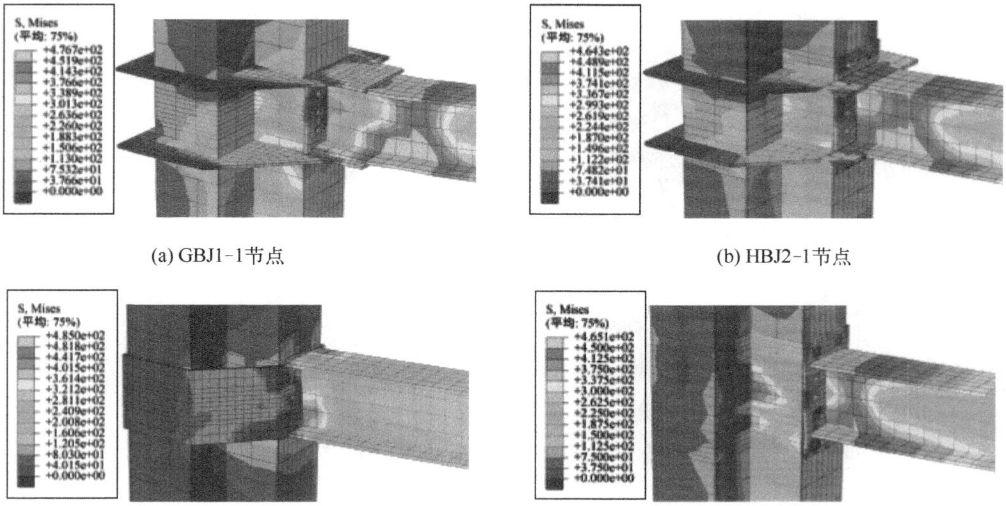

(a) GBJ1-1节点　　(b) HBJ2-1节点

(c) WTJ3-1节点　　(d) DBJ4-1节点

图 4.14 节点极限状态时应力应变云图

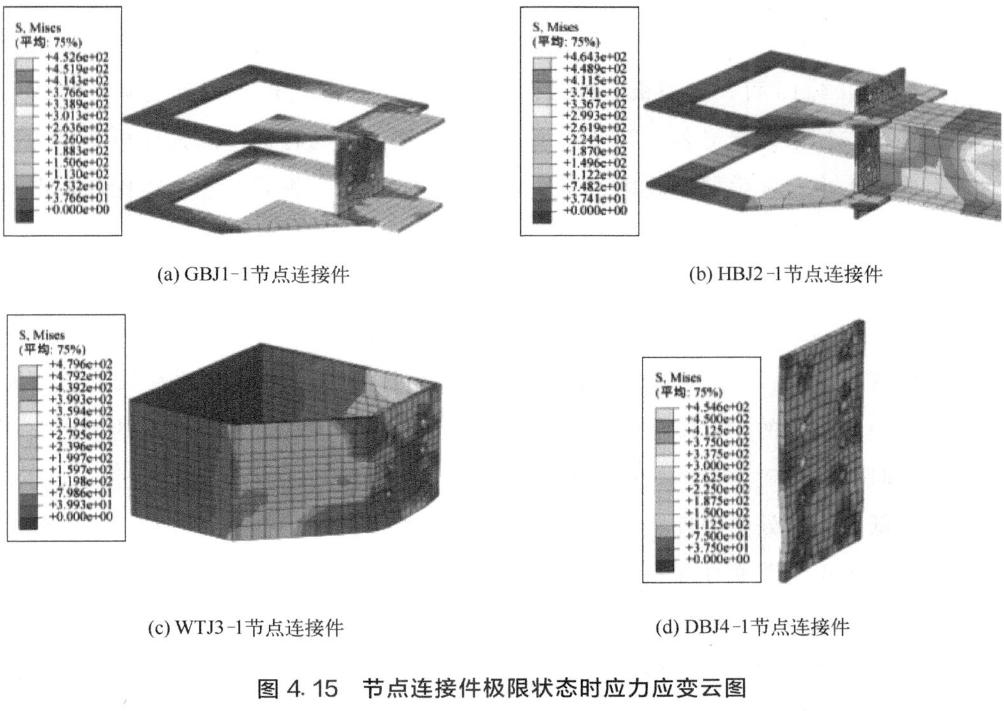

(a) GBJ1-1节点连接件　　(b) HBJ2-1节点连接件

(c) WTJ3-1节点连接件　　(d) DBJ4-1节点连接件

图 4.15 节点连接件极限状态时应力应变云图

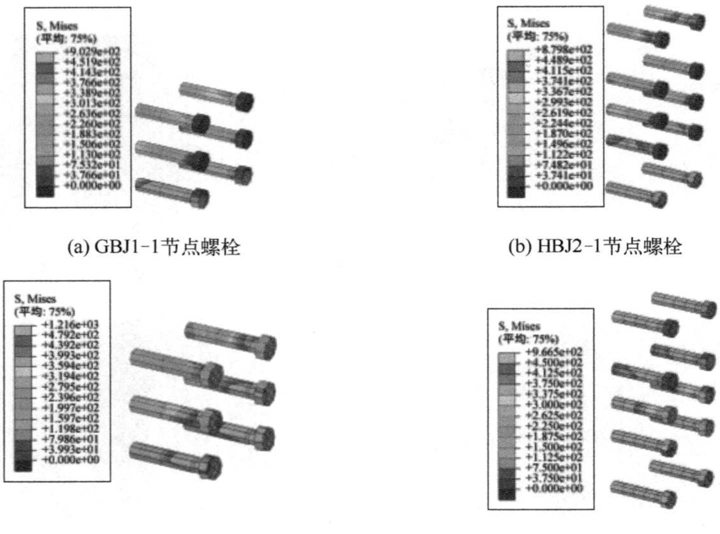

(a) GBJ1-1节点螺栓　(b) HBJ2-1节点螺栓

(c) WTJ3-1节点螺栓　(d) DBJ4-1节点螺栓

图 4.16　节点螺栓极限状态时应力应变云图

以试件 GBJ1-1 为基准试件，通过 Mises 应力云图进行对比分析不同类型节点下的极限形态，进一步确定盖板式外加强环的梁柱节点在低周往复荷载作用下的破坏模式。由图 4.16 可知，盖板式外加强环的梁柱节点通过模拟得到的破坏模式与其他 3 种节点结果差异显著。新型盖板式外加强环节点与普通外加强环板节点为钢梁产生应力集中，发生屈服破坏；而外套钢管式节点与端板式节点为螺栓产生严重滑移，引发节点失效。

GBJ1-1 节点展现出更优的力学性能特征，其塑性铰产生位置呈现出显著的外移现象。构件的破坏位置出现在外加强环与钢梁拼接处的翼缘与腹板交界区域。具体失效模式表现为：H 型钢梁上下翼缘同步发生屈曲变形，最终塑性铰形成于距离节点核心区更远的梁翼缘位置。根据变形特征判断，该构件符合典型的梁铰破坏机制。同时，塑性铰处的钢材应力普遍达到了屈服强度，而钢管混凝土柱的应力水平普遍较低，仍然处于弹性状态；且由于盖板式外加强环的存在，外加强环上的应力集中现象也小于普通外加强式环板，未发生明显的塑性形变，螺栓应力最大达到 902.00MPa。这说明盖板式外环板的存在使得梁端所受较大位移荷载时，可以利用拼接区各板件之间的摩擦滑移、挤压和屈曲变形来充分发挥节点的耗能能力，缓解了外加强环板与钢梁焊接处应力集中的现象。

HBJ2-1 节点虽同样属于梁铰破坏，但加强环区域出现显著的应力集中效应，未能形成如 GBJ1-1 节点的外移趋势，在钢梁与外加强环焊接处发生明显变形，最终钢梁焊接处产生了塑性铰。同时，钢管壁与外加强环连接处存在明显的应力集中现象，此处焊缝容易发生脆性破坏，螺栓应力最大达到 879.8MPa，对于节点区的受力很不安全。

WTJ3-1 节点的破坏属于螺栓滑移，同时，外套钢管出现了严重的应力集中现象。主要在螺栓之间，破坏时螺栓已超过屈服应力，螺栓屈服导致滑移，同时外套钢管产生塑性应变发生了破坏。而钢管混凝土柱与钢梁应力水平普遍较低，仍然处于弹性状态，未发生明显变形。这说明外套钢管难以实现应力分散作用。外套钢管过早屈服导致钢梁塑性发展受限，难以形成塑性铰。并且由于梁端与外套钢管相连处存在明显的应力集中现象，此部位易出现连接断裂或构件撕裂破坏。

DBJ4-1 节点的破坏特征为端板处螺栓屈服破坏，端板与管壁发生明显分离。由于缺少耗能部件，该节点在加载过程中，螺栓承担了绝大多数梁端传来的弯矩与剪力，螺栓应力最大达到 966.5MPa。因此早于梁柱构件发生屈服破坏，导致构件整体失效破坏。

在整个加载过程中，各节点均有不同程度的应力集中现象。梁上的应力集中区域也发生了不同程度的扩展，当加载到节点的极限状态时，新型节点可以实现危险截面远离柱并沿梁端外移的破坏模式，符合强节点、弱构件的抗震要求。HBJ2-1 节点则因拼接处缺少耗能部件，因此在应力集中区域，钢梁应力的扩展并不理想，而且在柱壁与外加强环连接的翼缘或腹板上，仍是可能发生破坏的危险截面。因此，外环板对节点中钢梁的塑性发展有着重要影响，盖板式外加强环能让节点的应力集中在梁端非节点核心区域。而其他 3 个普通节点的应力集中现象发生在梁端节点核心区域。在整个加载过程中，该新型节点只有梁端发生屈服，形成明显塑性铰，核心区基本保持弹性状态，未见明显塑性形变。

4.5　节点抗震性能分析

4.5.1　滞回曲线

在结构抗震性能研究中，滞回曲线作为表征节点力学行为特征的核心参数，其力-位移变化关系能够清晰揭示构件位移幅值随加载历程的累积增长特性、承载刚度随损伤发展的渐进衰减规律、塑性变形实现的耗能机制演化特征。通常试件的滞回曲线越饱满，滞回环越大，说明试件的抗震性能越强。图 4.17 给出了 4 种不同类型节点模型的荷载-位移（P-Δ）滞回曲线。

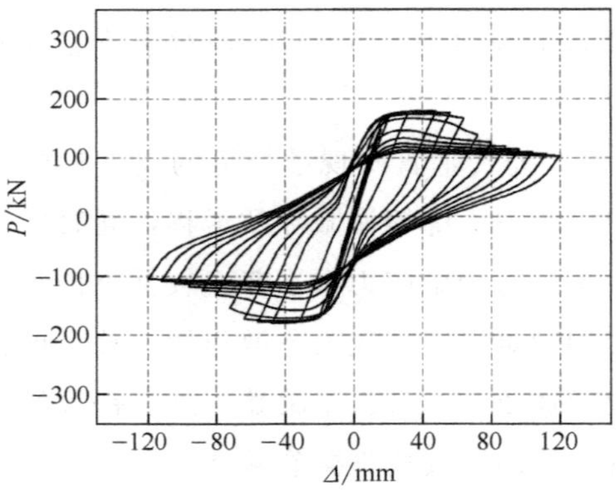

(a) GBJ1-1

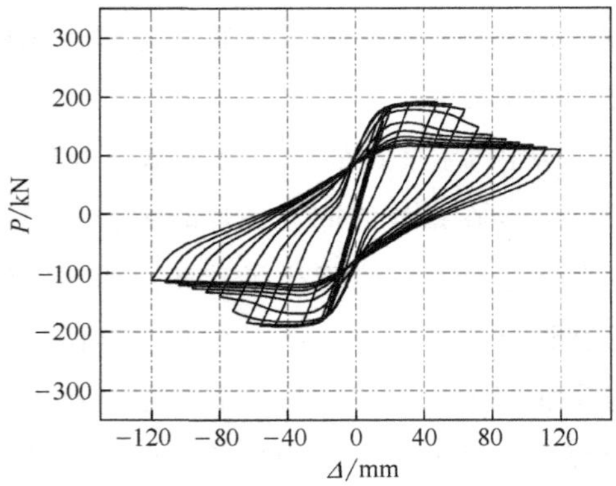

(b) GBJ1-2

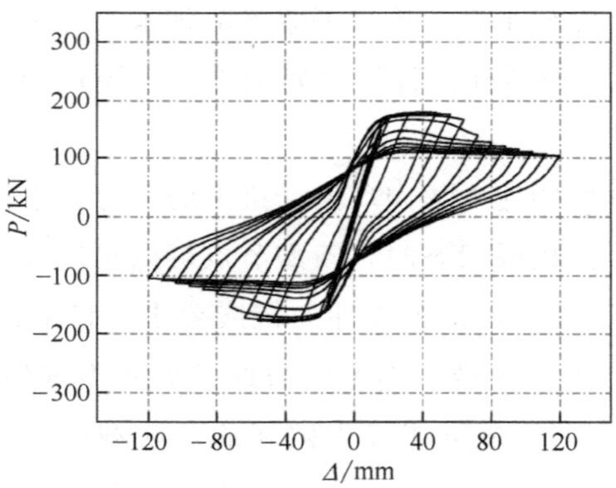

(c) GBJ1-3

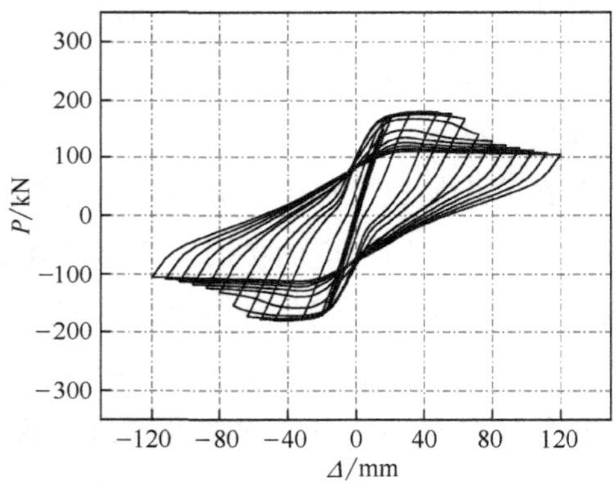

(d) GBJ1-4

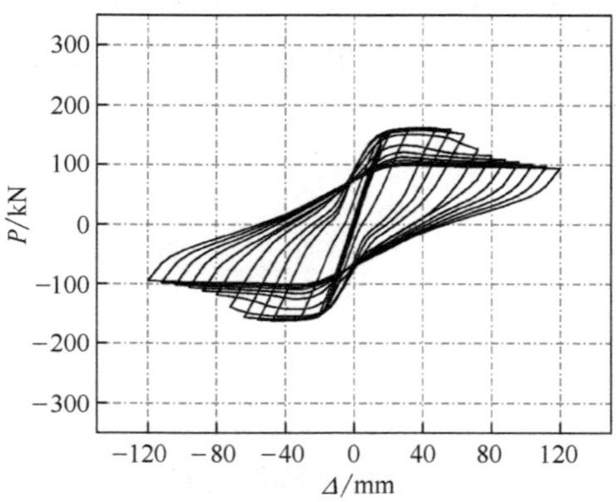

(e) HBJ2-1

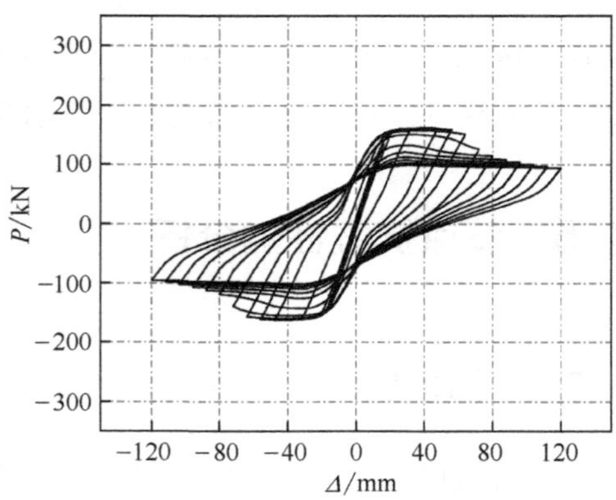

(f) HBJ2-2

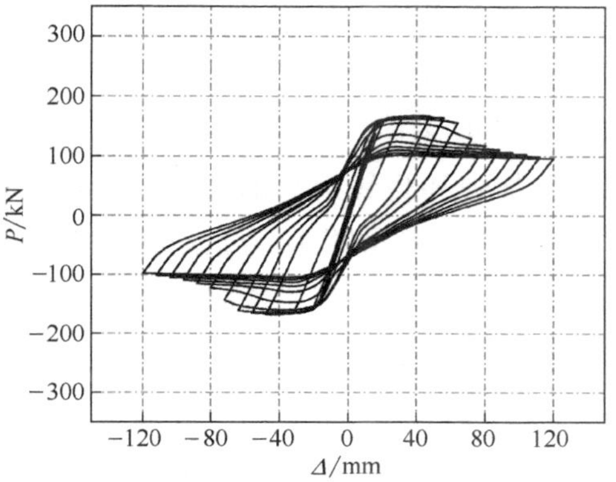

(g) HBJ2-3

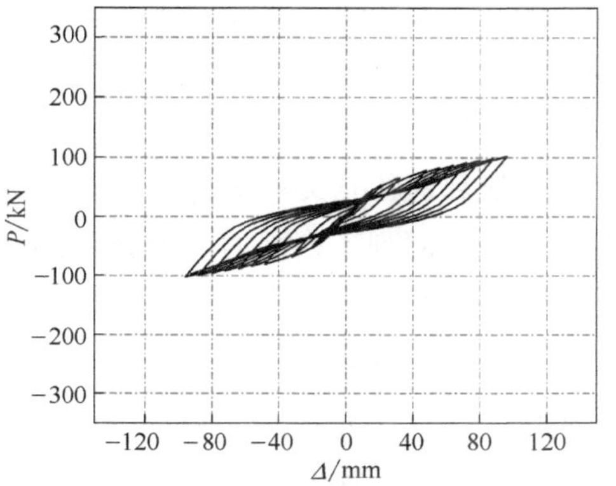

(h) WTJ3-1

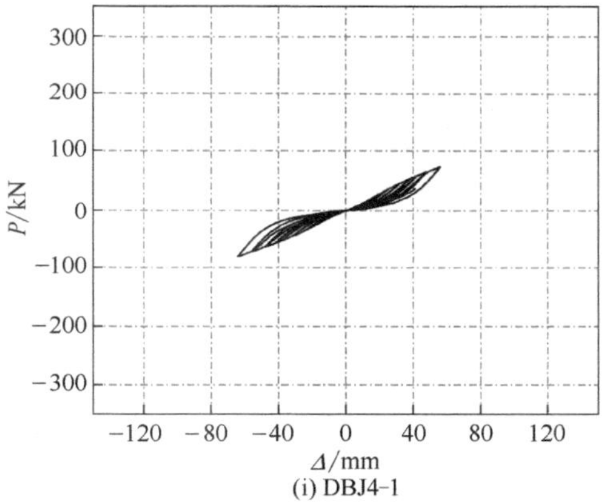

(i) DBJ4-1

图 4.17　各节点试件的滞回曲线

表 4.4　各节点试件的极限承载力

试件编号	正向极限承载力/kN	负向极限承载力/kN
GBJ1-1	178.746	−179.211
GBJ1-2	190.963	−191.460
GBJ1-3	178.719	−179.184
GBJ1-4	179.533	−180.000
HBJ2-1	161.799	−162.220
HBJ2-2	162.054	−162.475
HBJ2-3	166.699	−167.132
WTJ3-1	101.96	−102.241
DBJ4-1	72.9483	−80.8232

由图 4.17 可以看出，该新型盖板式外加强环板节点（GBJ1-1）与普通外加强环板节点（HBJ2-1）的滞回曲线饱满度较好，呈现相似梭形特征，未出现捏缩效应。说明外环板连接形式的节点试件具有良好的塑性变形能力以及抗震能力。此外，滞回曲线均无明显的捏缩现象，说明外加强环相较于其他两类节点，对钢管柱与钢梁起到了很好的应力分散作用，有效缓解结合部位应力集中，提升整体力学性能。最后，由表 4.4 可以得到，盖板式外加强环节点的极限承载力（负向－179.211kN/正向 178.746kN）明显高于其他 3 类节点，HBJ2-1 承载力略低（负向－162.220kN/正向 161.799kN）。

各节点滞回曲线的加载段后期刚度退化较为缓慢，是由于有限元模拟并未考虑到材料的初始缺陷，忽略了材料的塑性损伤。因此有限元分析得到的滞回曲线形状更为光滑、饱满。

在初始加载阶段，GBJ1-1 试件呈现典型的弹性变形特征，其滞回曲线表现为近似线性发展。由于材料未进入塑性状态，滞回环包络面积显著偏小，节点区保持较高结构刚度，能量耗散效能处于较低水平，此时结构体系尚未发挥塑性变形潜能。随着荷载级别的增加，试件进入弹塑性阶段，试件塑性损伤累积，耗能能力退化。当加载到第 6 个荷载级别时，节点负向承载力达到极限－179.211kN，正向承载力达到极限 178.746kN，同时滞回曲线开始出现下降段。在这个阶段至加载结束，刚度退化较为缓慢。HBJ1-1 试件相比于 GBJ1-1 试件，滞回曲线都很饱满，加载到第 6 个荷载级别时，节点负向承载力达到极限－162.220kN，节点正向承载力达到极限 161.799kN，相较于 GBJ1-1 试件同时达到节点的负向和正向最大承载力。

WTJ3-1 试件的滞回曲线饱满程度则比较差。试件在初始位移加载阶段，节点迅速进入弹塑性发展阶段，并且塑性铰很早在外套钢管与钢梁连接处出现，没有发生明显的外移。当加载到第 12 个荷载级别时，节点负向承载力达到－102.24kN，正向承载力达到 101.96kN。滞回曲线并未存在下降段。DBJ4-1 试件相较于其他 3 类节点的滞回曲线饱满程度最差，出现了严重的捏缩现象，耗能能力较弱，试件强度和刚度不足，高强螺栓严重滑移，因此构件提前计算终止。当加载到第 11 个荷载级别时，节点负向承载力达到极限－80.82kN，正向承载力达到极限 72.94kN。也证明节点的抗震性能较差，安全性难以满足。

4.5.2 荷载-位移骨架曲线

骨架曲线是滞回曲线中各级加载中荷载极值点的包络曲线，是表现结构抗震性能的重要指标。各节点试件的骨架曲线如图 4.18 所示。

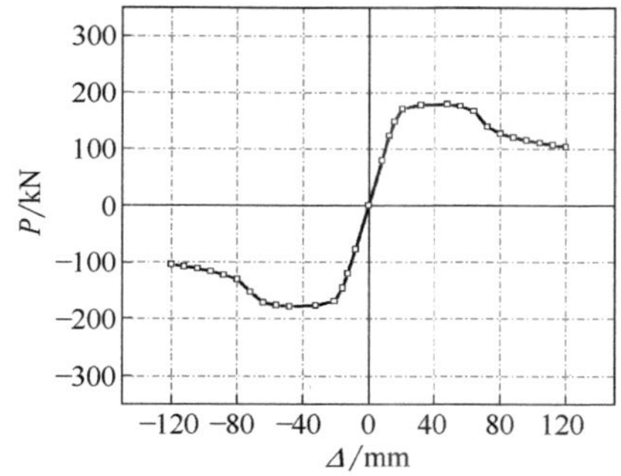

(a) GBJ1-1

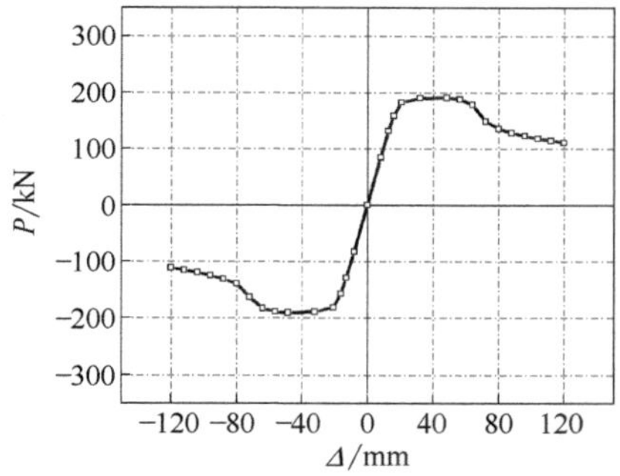

(b) GBJ1-2

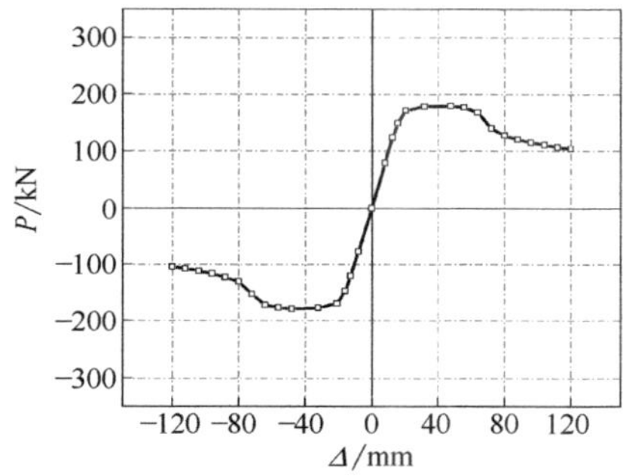

(c) GBJ1-3

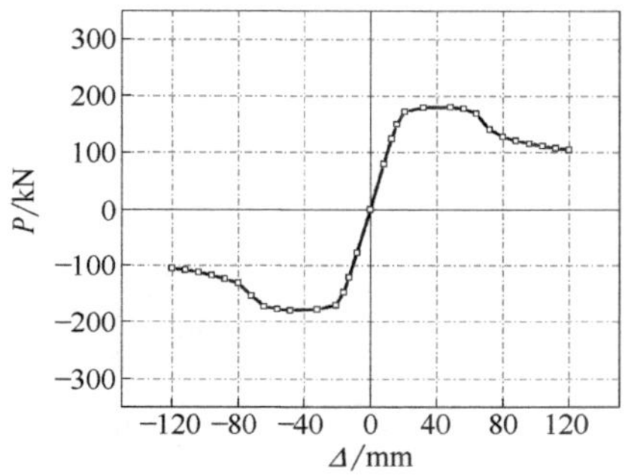

(d) GBJ1-4

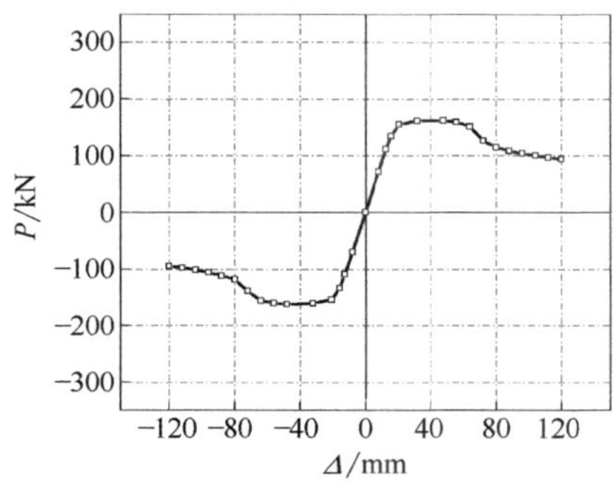

(e) HBJ2-1

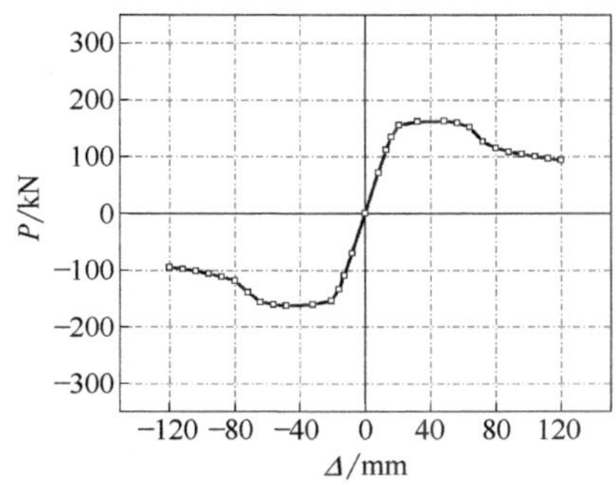

(f) HBJ2-2

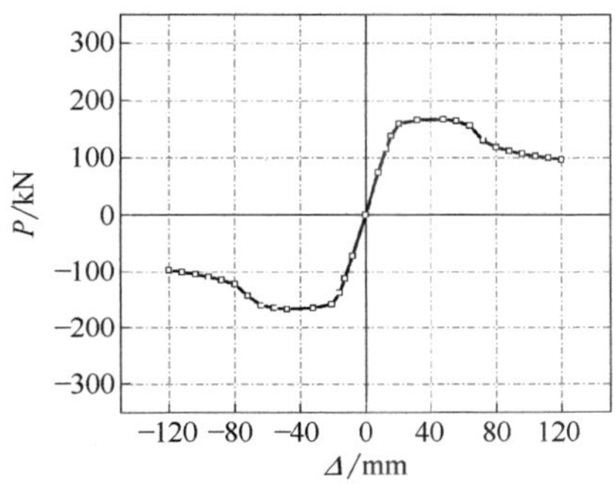

(g) HBJ2-3

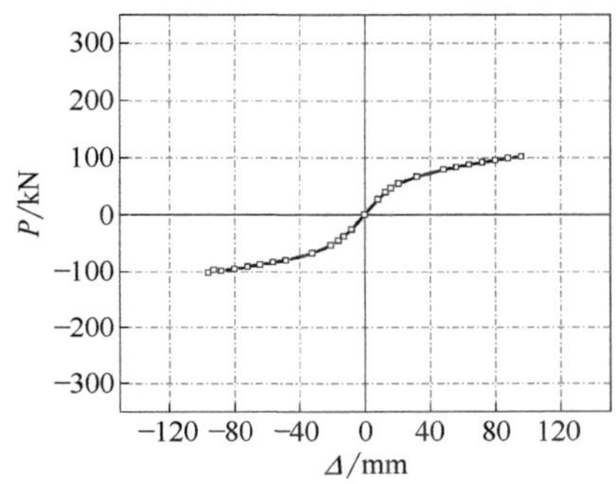

(h) WTJ3-1

图 4.18

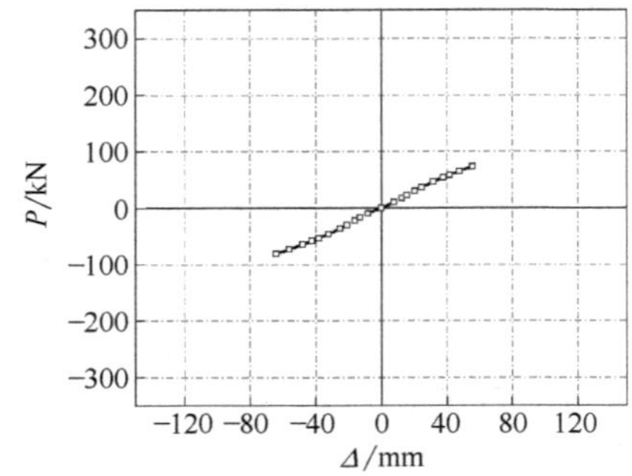

(i) DBJ4-1

图 4.18　各节点试件的骨架曲线

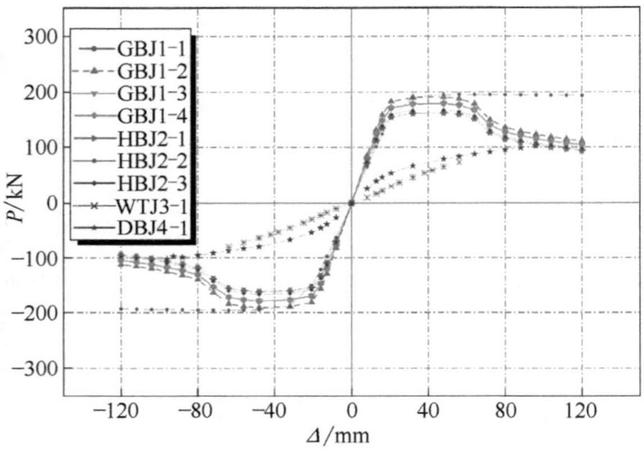

(a) 骨架曲线对比

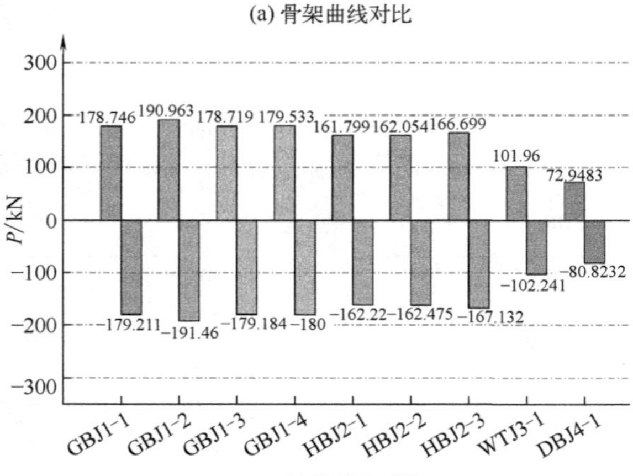

(b) 承载及对比

图 4.19　各节点试件的骨架曲线对比与承载力对比

基于图 4.18 与表 4.5 的量化分析，节点受力全过程可明确划分为弹性阶段、弹塑性阶段及承载力衰减阶段三个特征阶段。

① 荷载-位移骨架曲线呈现典型 S 形发展轨迹。其中 HBJ2-1 试件在弹性阶段表现出更高的初始刚度（$K=178.7$kN/mm），较 GBJ1-1 试件（$K=162.3$kN/mm）提升 10.1%，但其过早出现的应力集中导致在位移加载至 $\Delta=15$mm 时即进入塑性发展阶段。而 GBJ1-1 试件展现三阶段渐进破坏模式，其峰值承载力（$P_{max}=179.2$kN）较传统外加强环节点（HBJ2-1：162.2kN）、外套钢管节点（WTJ3-1：102.2kN）及端板式节点（DBJ4-1：80.8kN）分别提升 10.47%、75.31%和 145.03%，验证了盖板构造对承载性能的显著提升作用。

② 参数敏感性分析揭示四项关键规律：其一，外加强环外伸长度由 100mm 增至 150mm 时，节点峰值荷载提升 6.4% [图 4.19（a）]，表明几何尺寸优化可有效改善传力路径；其二，轴压比从 0.3 增至 0.4 对两类外加强环节点承载力增幅均不足 3% [图 4.19（b）]，验证了竖向荷载效应的有限性；其三，端板厚度由 10mm 增至 15mm 仅使 GBJ1-1 试件承载力提升 2.1%（图 4.19），对 HBJ2-1 试件提升幅度也仅为 2.94%，说明当前端板厚度已满足强度要求。数值模拟结果充分表明，盖板式构造通过优化应力传递机制，在参数调整范围内始终保持优越的力学性能。

4.5.3 节点延性性能

延性性能可以反映结构未破坏前的塑性变形能力。一般延性系数越大，则表示该结构具有较好的延性性能；反之，结构的延性性能较差[10]。通过“通用屈服弯矩法”来近似求出骨架曲线上的屈服点，如图 4.20 所示。

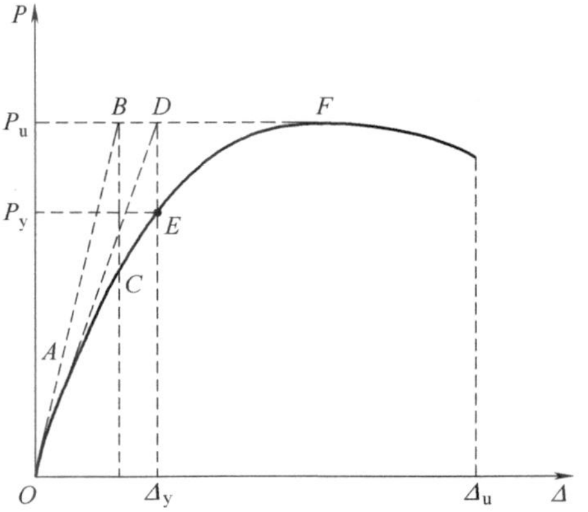

图 4.20　试件屈服点的确定方法

结构的延性用位移延性系数 μ 来表示，具体计算如式（4.4）所示：

$$\mu=\frac{\Delta_u}{\Delta_y} \tag{4.4}$$

式中，μ 为延性系数；Δ_u 为极限荷载所对应的位移；Δ_y 为屈服荷载所对应的位移。

各节点试件的延性系数如表 4.5 所示，其中，μ_a 为往复加载过程节点延性系数的平均值。

表 4.5 各节点试件的延性系数

试件编号	加载方向	P_y/kN	Δ_y/mm	P_u/kN	Δ_u/mm	μ	μ_a
GBJ1-1	正向	170.77	20.18	178.746	56	2.78	2.78
	负向	−170.15	−20.08	−179.211	−56	2.79	
GBJ1-2	正向	182.44	19.40	190.963	56	2.89	2.74
	负向	−181.78	−21.61	−191.460	−56	2.59	
GBJ1-3	正向	170.74	19.22	178.719	56	2.91	2.91
	负向	−170.13	−19.29	−179.184	−56	2.90	
GBJ1-4	正向	171.52	19.40	179.533	56	2.89	2.74
	负向	−170.90	−21.61	−180.000	−56	2.59	
HBJ2-1	正向	154.58	18.56	161.80	48	3.02	2.95
	负向	−154.02	−19.45	−162.22	−48	2.88	
HBJ2-2	正向	154.82	18.62	162.05	48	3.01	2.80
	负向	−154.26	−21.60	−162.48	−48	2.59	
HBJ2-3	正向	159.26	23.43	166.70	48	2.39	2.41
	负向	−158.68	−23.08	−167.13	−48	2.43	
WTJ3-1	正向	29.813	20.8	101.96	96	4.62	4.62
	负向	−29.8085	−20.8	−102.241	−96	4.62	
DBJ4-1	正向	45.967	32	72.9483	56	1.75	1.75
	负向	−45.7065	−32	−72.7987	−56	1.75	

由表 4.5 可得出以下结论。

① 新型盖板式外加强环 L 形钢管混凝土柱-钢梁节点的平均位移延性系数均大于 2.7，较传统节点提升明显。说明该新型节点具有较好的延性，与普通外加强环

L 形钢管混凝土柱-钢梁节点相比，其节点的屈服荷载与极限荷载都有所增加，平均延性系数增加了 9.16%。其原因主要有以下两方面：一是新型盖板式外加强环有效外移了塑性铰；二是拼接区各部件充分发挥了耗能能力。

② 对于新型盖板式外加强环节点，当外加强环长度从 100mm 增加到 150mm 时，节点延性系数的平均值降低了 1.54%，原因可能为外加强环长度改变了节点出现塑性铰的位置，使节点的变形能力得到降低；当轴压比从 0.3 提高至 0.4 后，节点延性系数的平均值提高了 4.54%；当端板厚度从 10mm 增加到 15mm 时，节点延性系数并无明显影响。

③ 对于普通外加强环板节点，当轴压比从 0.3 提高至 0.4 后，节点延性系数的平均值提高了 5.03%；当端板厚度从 10mm 增加到 15mm 时，节点延性系数的平均值提高了 18.32%。

4.5.4 刚度退化规律

由《建筑抗震试验规程》（JGJ/T 101—2015）[7] 可知，构件的环线刚度对结构的抗震性能影响较大。通常采用割线刚度来表示节点的刚度，对每个荷载级别的第一个循环峰值点来计算割线刚度，表达式如下。

$$K_j=\frac{\sum_{i=1}^{n}P_j^i}{\sum_{i=1}^{n}U_j^i} \tag{4.5}$$

式中，K_j 为环线刚度；P_j^i 为 j 级加载时第 i 次循环的最大水平荷载；U_j^i 为 j 级加载时第 i 次循环的最大水平位移。

各节点试件的刚度退化曲线如图 4.21 所示。

由图 4.21（a）可以看出，各节点在循环加载中均呈现刚度渐进退化。GBJ1-1、HBJ2-1 节点的刚度退化大致经历了三个阶段：加载初期，GBJ1-1 和 HBJ2-1 在位移 $2\Delta_y$（12.8mm）前刚度退化较慢；位移增至 $10\Delta_y$（80mm）时塑性变形显著，刚度加速退化；当位移达 $13\Delta_y$（120mm）后，刚度退化趋缓。WTJ3-1 和 DBJ4-1 初始刚度较低，较早进入屈服阶段，刚度退化变化较小。对比显示，GBJ1-1 初始刚度较 HBJ2-1 和 WTJ3-1 分别高出 9.48%和 66.93%。新型节点 GBJ1-1 前期刚度退化速率高于普通节点 HBJ2-1，后期逐渐趋缓。DBJ4-1 因高强螺栓滑移导致环线刚度变化微弱，出现提前破坏现象。

由图 4.21（b）可以看出，对于新型盖板式外加强环节点，当盖板式外加强环

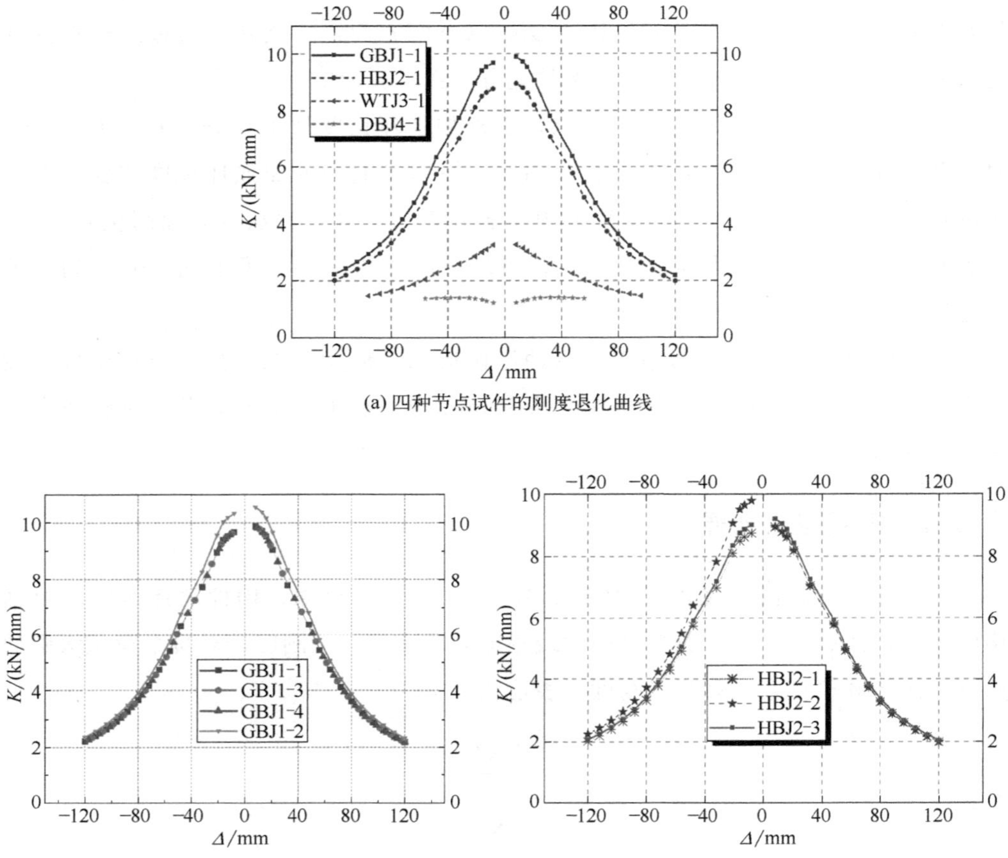

(a) 四种节点试件的刚度退化曲线

(b) 盖板式外加强环节点

(c) 普通外加强环节点

图 4.21 各节点试件的刚度退化曲线

外伸长度从 100mm 增加到 150mm 时，节点在弹性阶段和弹塑性阶段的初始刚度平均提高了 6.83%；当轴压比从 0.3 提高至 0.4 后，节点在弹性阶段和弹塑性阶段的初始割线刚度并无明显提升；当端板厚度从 10mm 增加到 15mm 时，节点在弹性阶段和弹塑性阶段的初始割线刚度无明显提升。

由图 4.21（c）可以看出，对于普通外加强环节点，当轴压比从 0.3 提高至 0.4 后，节点在弹性阶段和弹塑性阶段的初始割线刚度平均降低了 11.94%；当端板厚度从 10mm 增加到 15mm 时，节点在弹性阶段和弹塑性阶段的初始割线刚度平均提高了 3.03%。

综上所述，新型盖板式与外加强环节点在轴压比、端板厚度等参数调整时，其刚度退化轨迹与刚度值未引发显著的影响。

4.5.5　强度退化规律

强度退化是工程材料在周期性交变荷载作用下表现出的力学性能衰减现象，具体表现为随着相同荷载等级下循环次数的累积，构件的承载能力呈现渐进式衰退。为量化这个劣化过程，工程领域引入退化系数作为评价指标，其数学表达式定义为：同一荷载等级中当前循环周期峰值荷载与前一循环周期峰值荷载的比值[11]。计算公式如下。

$$\lambda_i=\frac{F_j^i}{F_j^{i-1}} \tag{4.6}$$

式中，λ_i 为强度退化系数；F_j^i 为第 j 级加载时，第 i 次循环峰值点的荷载值；F_j^{i-1} 为第 j 级加载时，第 $i-1$ 次循环峰值点的荷载值。

通过选取同一加载级别下的前两次循环进行研究，四种节点试件的强度退化曲线如图 4.22 所示。

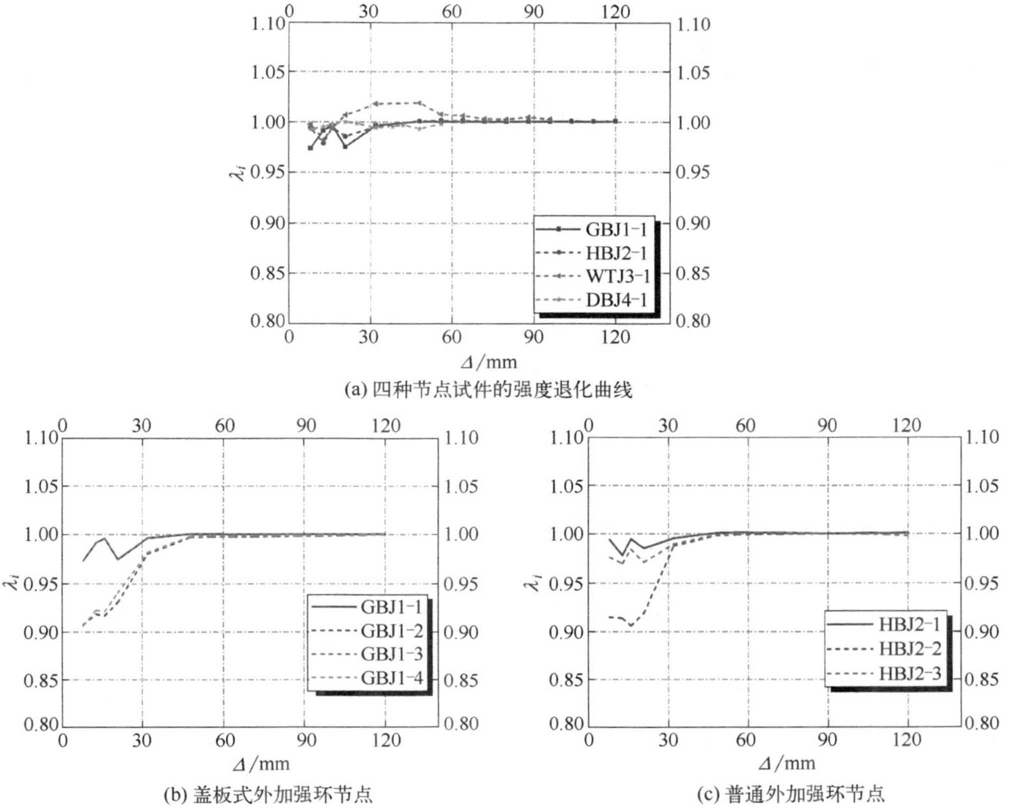

(a) 四种节点试件的强度退化曲线

(b) 盖板式外加强环节点

(c) 普通外加强环节点

图 4.22　四种节点试件的强度退化曲线

由图 4.22 可知，各节点试件在加载至 $15\Delta_y$（120mm）时，梁的强度基本没有发生明显的退化，强度退化系数大多数位于 0.97～1.02。其中 GBJ1-1、HBJ2-1、WTJ3-1 三类节点试件前期强度退化系数存在波动，但最终又回到 1 左右，说明各节点满足抗震对结构连续耗能的要求。试件 WTJ3-1 的各峰值位移对应的强度退化系数从整体趋势上来看要大于试件 GBJ1-1、HBJ2-1，说明外套钢管效果不如外加强环，会使得试件节点刚度退化变大。

由图 4.22（b）和（c）的曲线对比表明，对于新型盖板式外加强环节点与普通外加强环节点的强度退化趋势大致一样，改变盖板式外加强环外伸长度、轴压比及端板厚度，对节点的强度退化规律影响较小。

4.5.6 节点耗能分析

结构抗震性能评价中，耗能能力作为关键性指标具有决定性作用。地震能量经由节点部位的屈服机制和滞回效应实现有效耗散，这种能量转换效率与结构损伤程度呈现显著负相关性，即节点耗能效能越突出，其抗破坏性能越优异。我国规范《建筑抗震试验规程》（JGJ/T 101—2015）[7] 提出，采用滞回曲线所围成的面积来衡量节点的耗能性能，滞回曲线所围面积越大，节点的耗能性能越优秀，如图 4.23 所示。

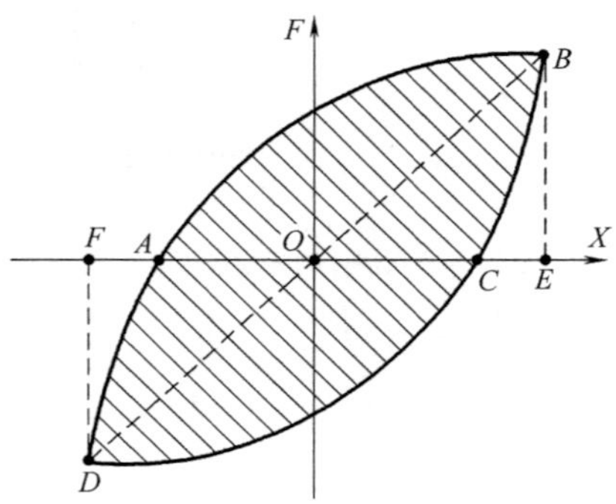

图 4.23 滞回环计算面积的确定

通过等效黏滞阻尼系数 h_e 和能量耗散系数 E 的计算与大小来衡量节点耗能能力的高低，具体的计算表达式如下。

$$h_e=\frac{1}{2\pi}\times\frac{S_{ABC+CDA}}{S_{OBE+ODF}} \tag{4.7}$$

$$E=\frac{S_{ABC+CDA}}{S_{OBE+ODF}} \tag{4.8}$$

式中，h_e 为等效黏滞阻尼系数；E 为能量耗散系数；$S_{ABC+CDA}$ 和 $S_{OBE+ODF}$ 分别为图 4.23 中阴影部分对应面积之和。

选取各类型节点极限承载力时刻的滞回环，经过式（4.5）和式（4.6）对各节点进行计算，得到各节点试件的等效黏滞阻尼系数 h_e 和耗能系数 E，具体计算如表 4.6 所示，耗能能力对比图 4.24 和图 4.25 所示。

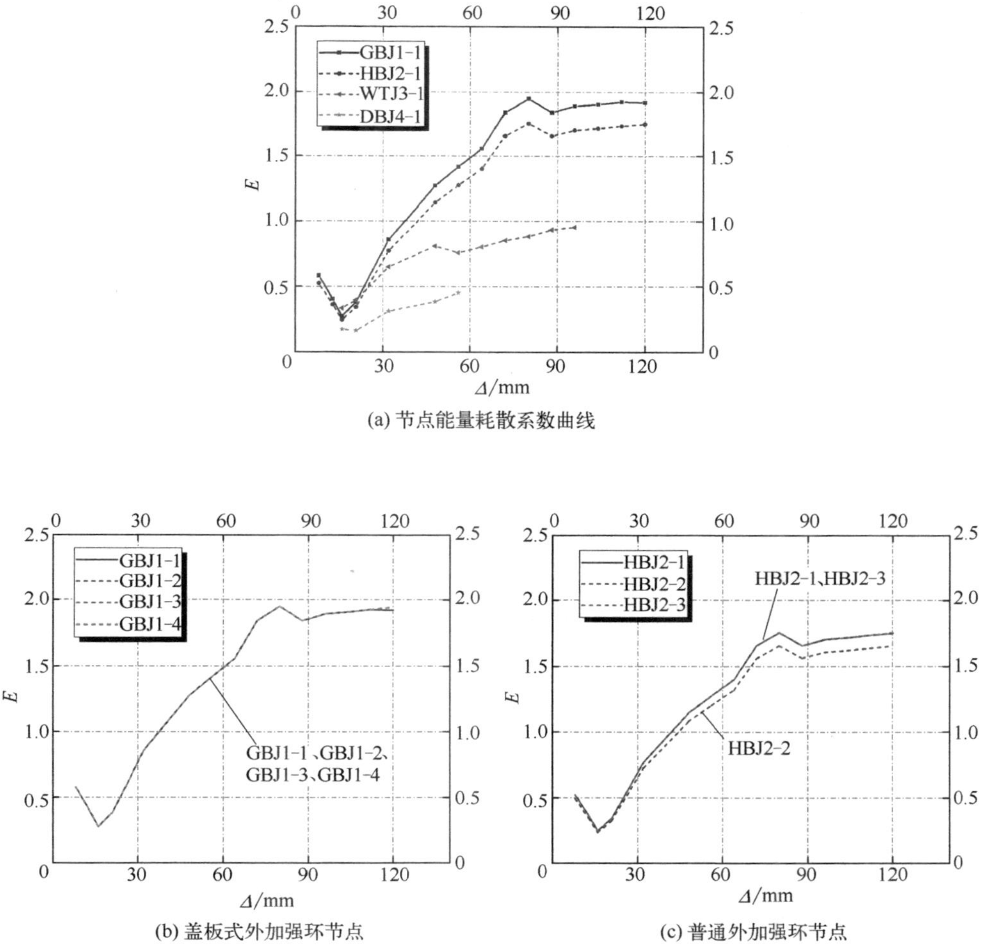

(a) 节点能量耗散系数曲线

(b) 盖板式外加强环节点

(c) 普通外加强环节点

图 4.24　能量耗散系数对比

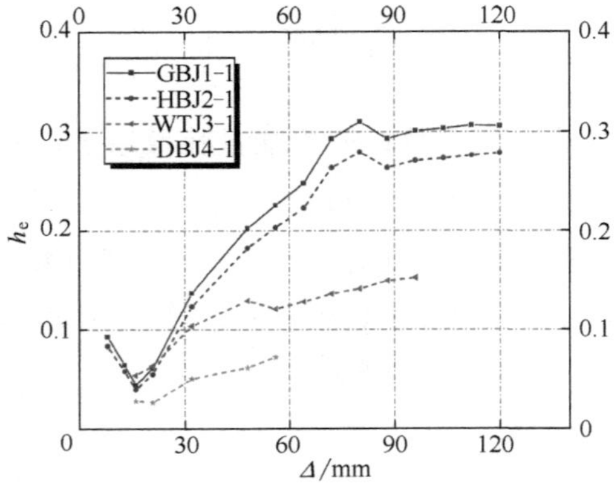

(a) 等效黏滞阻尼系数

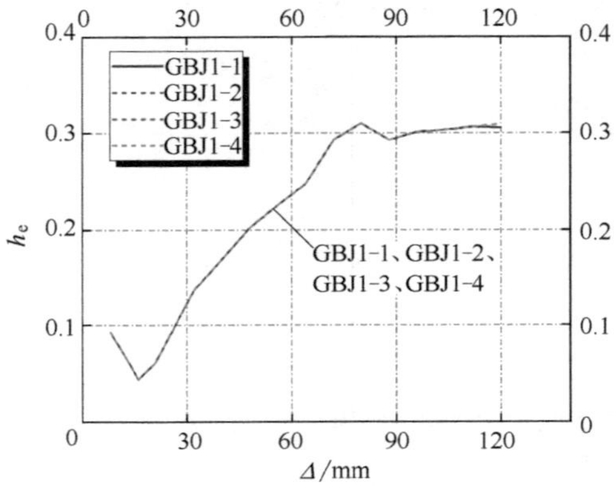

(b) 盖板式外加强环节点

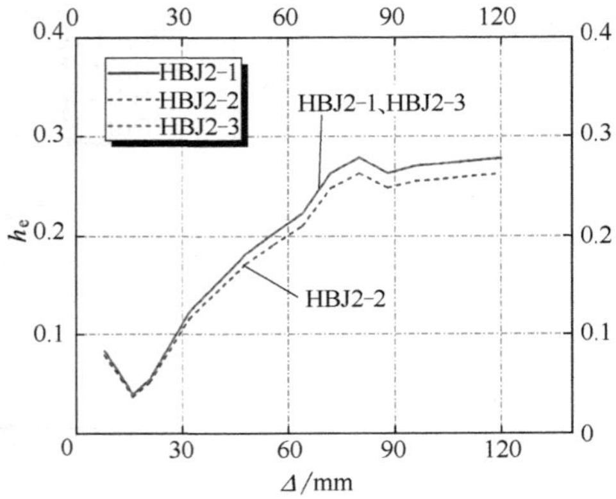

(c) 普通外加强环节点

图 4.25　等效黏滞阻尼系数对比

表 4.6　耗能能力计算

试件编号	梁端竖向位移/mm	$S_{ABC+CDA}$ /(kN·mm)	$S_{OBE+ODF}$ /(kN·mm)	E	h_e
GBJ1-1	8	364.036	625.71	0.582	0.0926
	12.8	630.01	1560.85	0.404	0.0642
	16	650.682	2364.53	0.275	0.0438
	20.8	1351.3	3545.53	0.381	0.0607
	32	4877.42	5681.67	0.858	0.1366
	48	10921.7	8590.97	1.271	0.2023
	56	14000.1	9879.00	1.417	0.2255
	64	16900.6	10860.07	1.556	0.2477

续表

试件编号	梁端竖向位移/mm	$S_{ABC+CDA}$ /(kN·mm)	$S_{OBE+ODF}$ /(kN·mm)	E	h_e
GBJ1-1	72	19368.5	10528.53	1.840	0.2928
	80	20080.9	10310.58	1.948	0.3100
	88	19684.8	10703.19	1.839	0.2927
	96	21055.5	11141.21	1.890	0.3008
	104	22061.2	11579.41	1.905	0.3032
	112	23171.9	12034.92	1.925	0.3064
	120	24031.8	12515.54	1.920	0.3056
GBJ1-2	8	388.918	668.47	0.582	0.0926
	12.8	673.071	1667.54	0.404	0.0642
	16	695.156	2526.15	0.275	0.0438
	20.8	1443.66	3787.87	0.381	0.0607
	32	5210.79	6070.01	0.858	0.1366
	48	11668.2	9178.16	1.271	0.2023
	56	14957.1	10554.23	1.417	0.2255
	64	18055.8	11602.35	1.556	0.2477
	72	20692.4	11248.15	1.840	0.2928
	80	21453.4	11015.30	1.948	0.3100
	88	21030.2	11434.75	1.839	0.2927
	96	22494.6	11902.71	1.890	0.3008
	104	23569	12370.86	1.905	0.3032
	112	24755.7	12857.50	1.925	0.3064
	120	25969	13370.97	1.942	0.3091
GBJ1-3	8	363.981	625.61	0.582	0.0926
	12.8	629.915	1560.62	0.404	0.0642
	16	650.584	2364.18	0.275	0.0438
	20.8	1351.1	3545.00	0.381	0.0607

续表

试件编号	梁端竖向位移/mm	$S_{ABC+CDA}$ /(kN·mm)	$S_{OBE+ODF}$ /(kN·mm)	E	h_e
GBJ1-3	32	4876.68	5680.81	0.858	0.1366
	48	10920	8589.68	1.271	0.2023
	56	13998	9877.51	1.417	0.2255
	64	16898.1	10858.44	1.556	0.2477
	72	19365.6	10526.94	1.840	0.2928
	80	20077.9	10309.03	1.948	0.3100
	88	19681.8	10701.58	1.839	0.2927
	96	21052.3	11139.53	1.890	0.3008
	104	22057.8	11577.67	1.905	0.3032
	112	23168.4	12033.11	1.925	0.3064
	120	24303.9	12513.65	1.942	0.3091
GBJ1-4	8	365.639	628.46	0.582	0.0926
	12.8	632.783	1567.72	0.404	0.0642
	16	653.546	2374.94	0.275	0.0438
	20.8	1357.25	3561.14	0.381	0.0607
	32	4898.89	5706.68	0.858	0.1366
	48	10969.8	8628.80	1.271	0.2023
	56	14061.8	9922.49	1.417	0.2255
	64	16975	10907.88	1.556	0.2477
	72	19453.8	10574.88	1.840	0.2928
	80	20169.3	10355.97	1.948	0.3100
	88	19771.4	10750.32	1.839	0.2927
	96	21148.2	11190.26	1.890	0.3008
	104	22158.3	11630.39	1.905	0.3032
	112	23273.9	12087.91	1.925	0.3064
	120	24414.6	12570.64	1.942	0.3091

续表

试件编号	梁端竖向位移/mm	$S_{ABC+CDA}$ /(kN·mm)	$S_{OBE+ODF}$ /(kN·mm)	E	h_e
HBJ2-1	8	329.522	566.38	0.582	0.0926
	12.8	570.278	1412.87	0.404	0.0642
	16	588.991	2140.35	0.275	0.0438
	20.8	1223.18	3209.38	0.381	0.0607
	32	4414.99	5142.99	0.858	0.1366
	48	9886.2	7776.46	1.271	0.2023
	56	12672.8	8942.37	1.417	0.2255
	64	15298.3	9830.43	1.556	0.2477
	72	17532.2	9530.32	1.840	0.2928
	80	18177	9333.03	1.948	0.3100
	88	17818.5	9688.42	1.839	0.2927
	96	19059.2	10084.91	1.890	0.3008
	104	19969.5	10481.57	1.905	0.3032
	112	20974.9	10893.89	1.925	0.3064
	120	22003	11328.94	1.942	0.3091
HBJ2-2	8	330.04	600.29	0.550	0.0875
	12.8	571.175	1497.61	0.381	0.0607
	16	589.916	2269.48	0.260	0.0414
	20.8	1225.11	3403.21	0.360	0.0573
	32	4421.93	5453.74	0.811	0.1290
	48	9901.74	8247.54	1.201	0.1911
	56	12692.7	9485.21	1.338	0.2130
	64	15322.3	10433.87	1.469	0.2337
	72	17559.8	10134.09	1.733	0.2758
	80	18205.6	9906.29	1.838	0.2925
	88	17846.5	10283.00	1.736	0.2762

续表

试件编号	梁端竖向位移/mm	$S_{ABC+CDA}$ /(kN·mm)	$S_{OBE+ODF}$ /(kN·mm)	E	h_e
	96	19089.2	10701.76	1.784	0.2839
	104	20000.9	11120.56	1.799	0.2862
HBJ2-2	112	21007.9	11557.11	1.818	0.2893
	120	22037.6	12017.94	1.834	0.2918
	8	339.5	583.53	0.582	0.0926
	12.8	587.546	1455.65	0.404	0.0642
	16	606.825	2205.16	0.275	0.0438
	20.8	1260.22	3306.56	0.381	0.0607
	32	4548.68	5298.72	0.858	0.1366
	48	10185.6	8011.93	1.271	0.2023
	56	13056.5	9213.15	1.417	0.2255
HBJ2-3	64	15761.5	10128.09	1.556	0.2477
	72	18063.1	9818.90	1.840	0.2928
	80	18727.4	9615.64	1.948	0.3100
	88	18358	9981.79	1.839	0.2927
	96	19636.3	10390.28	1.890	0.3008
	104	20574.2	10798.95	1.905	0.3032
	112	21610.1	11223.76	1.925	0.3064
	120	22669.2	11671.98	1.942	0.3091
	16	247.695	735.69	0.337	0.0536
	20.8	446.646	1124.24	0.397	0.0632
	32	1391.74	2146.19	0.648	0.1032
WTJ3-1	48	3081.48	3811.77	0.808	0.1287
	56	3536.31	4670.36	0.757	0.1205
	64	4498.59	5602.58	0.803	0.1278
	72	5625.8	6591.17	0.854	0.1358

续表

试件编号	梁端竖向位移/mm	$S_{ABC+CDA}$ /(kN·mm)	$S_{OBE+ODF}$ /(kN·mm)	E	h_e
WTJ3-1	80	6758.61	7641.14	0.885	0.1408
	88	8138.09	8704.02	0.935	0.1488
	96	9355.92	9801.65	0.955	0.1519
DBJ4-1	16	110.392	632.07	0.175	0.0278
	20.8	172.627	1045.48	0.165	0.0263
	32	461.47	1471.50	0.314	0.0499
	48	752.11	1952.44	0.385	0.0613
	56	1160.8	2566.76	0.452	0.0720

图 4.24、图 4.25 与表 4.6 可以看出：随着梁端位移的不断增加，盖板式外加强环 L 形钢管混凝土柱-钢梁节点（编号 GBJ1-1）累加耗能越来越大，并且 GBJ1-1 试件的等效黏滞阻尼系数与能量耗散系数曲线上各点均大于普通外加强环 L 形钢管混凝土柱-钢梁节点（编号 HBJ2-1），且远大于 WTJ3-1 与 DBJ4-1 构件。该新型节点（GBJ1-1）进入弹塑性阶段前，等效黏滞阻尼系数在 0.2 以下，加载结束时为 0.305；普通外加强环节点（HBJ2-1）进入弹塑性阶段前，等效黏滞阻尼系数在 0.18 以下，加载结束时为 0.278；外套钢管式节点（WTJ3-1）进入弹塑性阶段前，等效黏滞阻尼系数在 0.1032 以下，破坏时为 0.1519。端板式节点（DBJ4-1）进入弹塑性阶段前，等效黏滞阻尼系数为 0.0499 以下，破坏时为 0.0720。通过数据比较发现，该新型节点（编号 GBJ1-1）比其他三类节点的耗能能力强，抗震性能好，其最大耗能系数分别比 HBJ2-1、WTJ3-1 和 DBJ4-1 增大了 9.85%、101.16% 和 324.58%。

由表 4.6 可以看出，对于新型盖板式外加强环节点，当外加强环外伸长度从 100mm 增加到 150mm 时，节点的等效黏滞阻尼系数与能量耗散系数分别降低了 1.13%和 5.92%；当轴压比从 0.3 提高至 0.4 与端板厚度从 10mm 增加到 15mm 后，节点的等效黏滞阻尼系数与能量耗散系数没有明显影响。

对于普通外加强环节点，当轴压比从 0.3 提高至 0.4 后，节点的等效黏滞阻尼系数与能量耗散系数没有明显影响；当端板厚度从 10mm 增加到 15mm 时，节点的等效黏滞阻尼系数与能量耗散系数提高了 5.92%。

综上所述，新型盖板式外加强环节点与普通外加强环板节点，随着轴压比和端板厚度的改变，各试件的等效黏滞阻尼系数与能量耗散系数略有影响，但总体上差别不大。

4.6 本章小结

本章运用有限元数值模拟软件 ABAQUS，建立了一系列的 L 形钢管混凝土柱-钢梁节点的模型。首先，对比了不同连接形式节点的应变模式，然后对各试件和节点模型的滞回曲线、骨架曲线、延性、刚度退化、耗能等抗震性能进行对比，最后，分别研究了加强环外伸长度、轴压比和端板厚度对节点模型的抗震性能的影响，得到以下结论。

① 外加强环作为梁柱连接的核心传力构件，其自身构造形式对梁端荷载传递至混凝土柱的影响重大。当采用普通外加强环时，外加强环与柱连接处过早出现了局部应力集中现象，因此外加强环会早于钢梁进入塑性阶段；当采用盖板式外加强环时，节点的危险截面外移至 H 型钢梁与外环板拼接处，实现塑性铰外移，满足“强节点、弱构件”的抗震设计准则，并大幅提高了 L 形钢管混凝土柱-钢梁节点的极限承载力。相比之下，外套钢管式与端板式节点由于梁柱的连接构件力学性能不足，外套钢管与端板出现严重的应力集中与弯曲变形，与管壁发生明显分离。

② 新型盖板式节点滞回曲线呈饱满梭形，无捏缩效应，极限承载力较普通外加强环、外套钢管及端板式节点分别提升 10.47%、75.31%和 145.03%。当外加强环外伸长度从 100mm 增加到 150mm 时，节点的峰值荷载分别提高了 6.398%；轴压比由 0.3 增加至 0.4 与端板厚度由 10mm 增加至 15mm 对新型盖板式外加强环节点与普通外加强环节点的承载力提升不明显。延性方面，新型盖板式外加强环节点与普通外加强环板节点相比，延性系数增加了 9.16%。其中端板厚度从 10mm 增加到 15mm 时，节点延性系数的平均值提高了 1.45%、18.32%。而外伸长度与轴压比对延性影响较小。

③ 新型盖板式外加强环节点试件的平均初始刚度分别比普通外加强环节点和外套钢管式节点试件分别提升了 9.48%和 66.93%。当外加强环外伸长度从 100mm 增加到 150mm 时，新型盖板式外加强环节点在弹性阶段和弹塑性阶段的初始刚度平均提高了 6.83%。当轴压比从 0.3 提高至 0.4 后，新型节点刚度并无明显提升，普通外加强环节点降低了 11.94%；当端板厚度从 10mm 增加到 15mm 时，新型节点与普通外加强环节点在弹性阶段和弹塑性阶段的初始割线刚度平均提高了 1.76%、3.03%。各节点强度退化系数均在 1 附近波动，参数调整（外伸长度、

轴压比、端板厚度）对新型节点与普通外加强环节点的强度退化系数影响较小。

④ 盖板式外加强环L形钢管混凝土柱-钢梁节点等效黏滞阻尼系数与能量耗散系数曲线上各点均大于普通外加强环L形钢管混凝土柱-钢梁装配式节点，且远大于WTJ3-1与DBJ4-1构件，最大耗能系数分别比HBJ2-1、WTJ3-1和DBJ4-1增大了9.85%、101.16%和324.58%。对于新型盖板式外加强环节点，当外加强环外伸长度从100mm增加到150mm时，节点的等效黏滞阻尼系数与能量耗散系数降低了1.13%。当轴压比从0.3提高至0.4后，新型盖板式节点与普通外加强环板节点的等效黏滞阻尼系数与能量耗散系数没有明显影响；当端板厚度从10mm增加到15mm时，节点的等效黏滞阻尼系数与能量耗散系数降低了1.13%、5.92%。

参考文献

[1] 中华人民共和国住房和城乡建设部. 钢管混凝土结构技术规范：GB 50936—2014 [S]. 北京：中国建筑工业出版社，2014.

[2] 中国工程建设标准化协会. 矩形钢管混凝土结构技术规程：CECS 159：2004 [S]. 北京：中国计划出版社，2004.

[3] 中华人民共和国住房和城乡建设部. 钢结构设计标准：GB 50017—2017 [S]. 北京：中国建筑工业出版社，2017.

[4] 中华人民共和国住房和城乡建设部. 建筑抗震设计规范：GB 50011—2010（2016年版）[S]. 北京：中国建筑工业出版社，2016.

[5] 中华人民共和国住房和城乡建设部. 混凝土结构设计规范：GB 50010—2010（2015年版）[S]. 北京：中国建筑工业出版社，2015.

[6] 中国工程建设标准化协会. 钢管结构技术规程：CECS 280：2010 [S]. 北京：中国计划出版社，2010.

[7] 中华人民共和国住房和城乡建设部. 建筑抗震试验规程：JGJ/T 101—2015 [S]. 北京：中国建筑工业出版社，2015.

[8] 韩林海. 钢管混凝土结构原理 [M]. 北京：中国建筑工业出版社，2023.

[9] Baltay P，Gjelsvik A. Coefficient of Friction for Steel on Concrete at High Normal Stress [J]. Journal of Materials in Civil Engineering，1990，3（2）：46-49.

[10] 殷晓三. 无明显屈服特征构件屈服点的确定与评价 [J]. 地震工程与工程振动，2019，39（4）：143-150.

[11] Kunnath S K，Reinhorn A M，Park Y J. Analytical modeling of inelastic seismic response of R/C structures [J]. Journal of Structural Engineering，1990，116（4）：996-1017.

第5章 新型盖板式外加强环L形钢管混凝土柱-钢梁节点抗震性能参数分析

5.1 引言

在系统验证了盖板式外加强环构造相较传统环板、外套与端板节点在滞回饱满度、塑性铰外移及耗能能力上的显著优势之后，研究自然过渡到“如何进一步优化这个构造”的命题。前期对比已揭示盖板厚度、外伸长度、钢梁型号及材料强度对节点响应的潜在影响，但各参数的独立贡献与耦合效应尚未被剥离，设计人员因而难以在承载目标与经济指标之间做出精准权衡。为此，本章以已确立的基准模型为原点，围绕几何与材料两类变量展开正交扫描，力图将构造优势转化为可操作的参数区间，为工程实装提供可直接调用的设计依据。

延续“试验-模拟-理论”的研究范式，本章在边界与加载细节上进行三项迭代：柱顶轴压保持恒定，以排除竖向荷载波动对滞回性能的干扰；位移幅值递增至预设层间转角后统一终止，确保所有算例在同一极限基准下比较；通过批处理脚本自动提取骨架曲线、刚度退化与能量耗散，实现大量工况的高效解析。所选参数区间紧扣现行规范，既满足安全储备，又为未来条文修订预留弹性，使成果既可即刻落地，又具可持续拓展潜力。

与先前对异形柱轴压性能的研究形成互补，本章在弯剪复合受力维度继续追问“材料与几何的边际效用”。前期发现外套钢管厚度对轴压承载呈线性增益，而对延性的影响呈非线性转折；同类规律在水平往复荷载下是否仍成立，外加强环长厚比是否存在“过约束”临界点，需要新的验证。同时，先前构造比较已证实盖板式节点性能领先，但未回答“继续提升钢材等级是否仍具性价比”这个问题，本章通过强度梯度分析给出否定答案，为住宅钢结构低碳选材提供依据。参数化成果最终将以无量纲系数形式融入后续承载力公式，实现从个案模拟到通用表达式的跨越，完成异形钢管混凝土节点由机理阐释、数值验证到设计工具化的全链条闭环。

5.2 节点几何参数分析

5.2.1 钢管厚度

外包钢管对节点核心混凝土起到约束作用，其厚度会影响钢管对混凝土的约束效应，进而影响节点的抗震性能。根据《冷弯薄壁型钢结构技术规范》（GB 50018—2002）[1]，基于GBJ1-1试件设计了4个钢管厚度不同的试件，分别为GBJ-A-6、GBJ-A-8、GBJ-A-10、GBJ-A-12，对应的外包钢管厚度为6mm、8mm、10mm、12mm，而节点的其他尺寸参数、边界条件和柱轴压比均保持一致，如表5.1所示。

表5.1 外包钢管厚度试件明细

试件编号	GBJ-A-6	GBJ-A-8	GBJ-A-10	GBJ-A-12
钢管厚度	6mm	8mm	10mm	12mm

(1) 应力应变分析

在不同外包钢管厚度情况下，该新型节点梁端位移至120mm时的应力应变云图如图5.1所示。

各节点试件的应力集中现象均集中在外加强环与钢梁的拼接区域，且梁端均能形成明显的塑性铰，且塑性铰显著外移，梁柱组合区域始终维持较低的应力水平，满足“强节点、弱构件”的抗震设计准则。随着混凝土柱外包钢管厚度的增加，各试件的应力应变云图未呈现显著差异。观察应力分布可见，最大应力主要集中于梁翼缘与腹板区域。随着钢管厚度的增大，上述部位的应力值呈现递减趋势。这主要归因于外包钢管厚度的提升增强了节点的强度，导致拼接部位的局部应力集中效应减弱。

(2) 滞回曲线

不同外包钢管厚度下各试件的滞回曲线如图5.2所示。

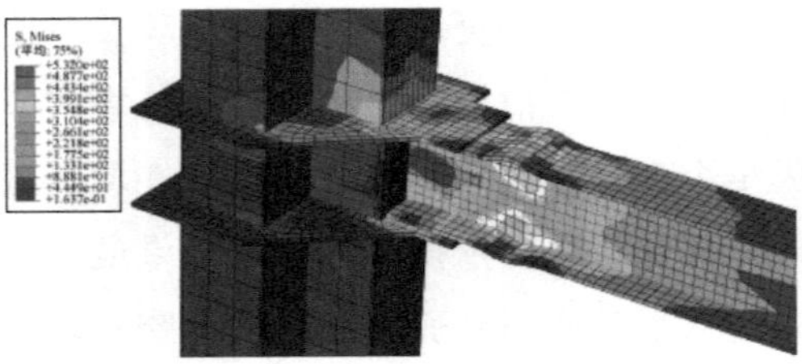

(a) GBJ-A-6

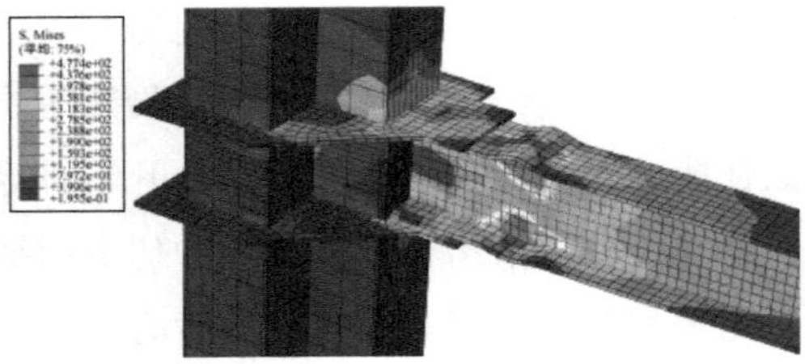

(b) GBJ-A-8

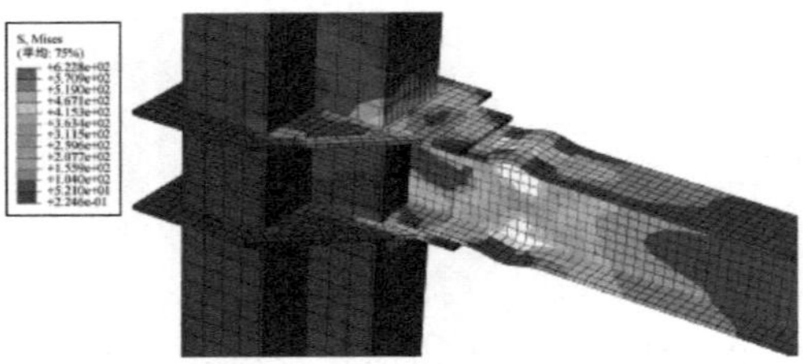

(c) GBJ-A-10

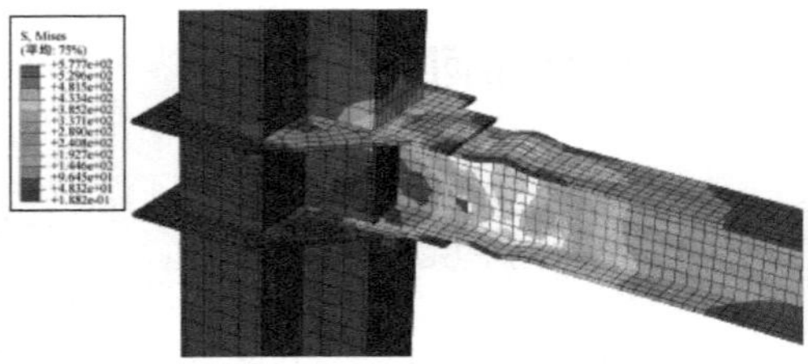

(d) GBJ-A-12

图 5.1 不同外包钢管厚度下节点梁端位移为至 120mm 时的应力应变云图

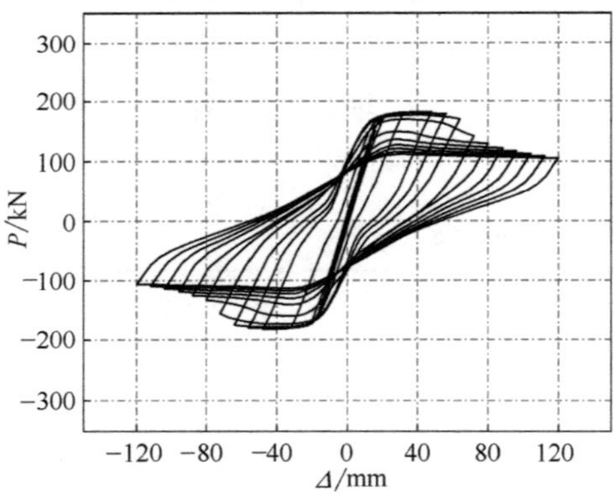

(a) GBJ-A-6

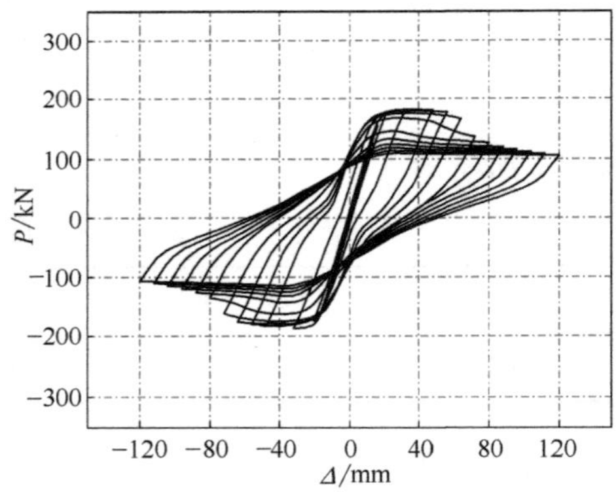

(b) GBJ-A-8

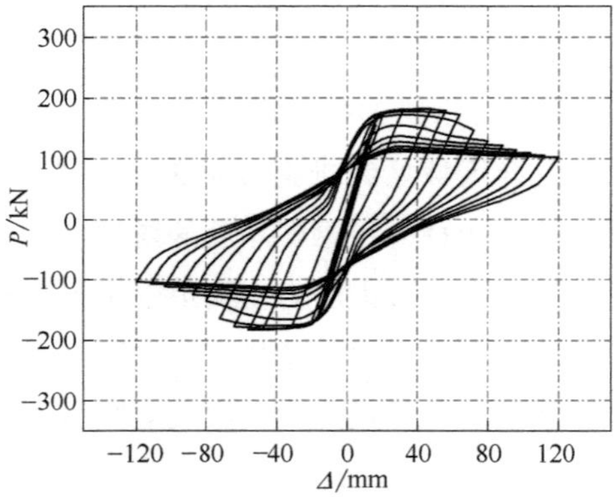

(c) GBJ-A-10

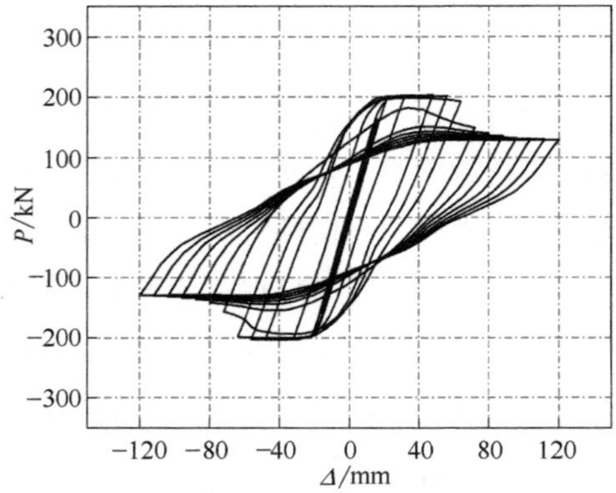

(d) GBJ-A-12

图 5.2 不同外包钢管厚度下各试件的滞回曲线

不同外包钢管厚度下的节点滞回曲线均呈现梭形特征，表明所研究的新型节点在各种外包钢管厚度条件下均具有良好的抗震性能。随着外包钢管厚度的增加，滞回曲线的饱满度呈现出正相关变化，这表明在合理区间内增加钢管厚度可以有效提升节点的承载力。具体对比分析发现，当外包钢管厚度不超过 12mm 时，各试件的滞回曲线形态差异较小；而当厚度增加至 12mm 时，GBJ-A-12 试件的滞回环面积显著大于 GBJ-A-6 和 GBJ-A-8 试件。这表明在 12mm 厚度时，节点的抗震性能得到了较为明显的提升。

(3) 骨架曲线与极限承载力

不同外包钢管厚度下各试件的骨架曲线如图 5.3 所示。

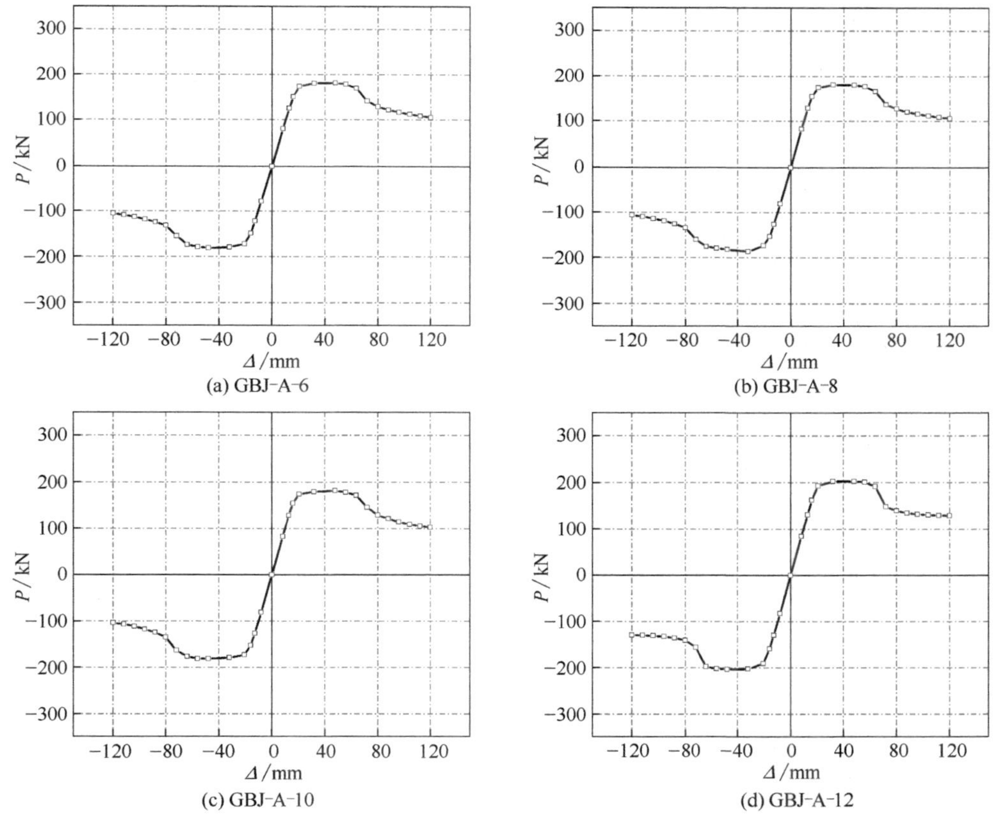

图 5.3　不同外包钢管厚度下各试件的骨架曲线

梁端位移正向加载到 56mm 时，GBJ-A-6 试件的荷载值为 178.143kN，GBJ-A-8 试件的荷载值为 176.917kN，GBJ-A-10 试件的荷载值为 178.698kN，三者荷载值相近。而 GBJ-A-12 试件的荷载值达到 201.175kN，比其他三个试件高出

12.57%以上。在梁端位移负向加载到 56mm 时，GBJ-A-6 试件的荷载值为 179.37kN，GBJ-A-8 试件的荷载值为 179.745kN，GBJ-A-10 试件的荷载值为 181.59kN，GBJ-A-12 试件的荷载值则为 202.196kN，比 GBJ-A-6 试件高出 12.72%，比 GBJ-A-10 试件高出 11.34%。当梁端位移正向加载到 104mm 时，GBJ-A-6 试件的荷载值为 111.935kN，GBJ-A-8 试件的荷载值为 111.78kN，GBJ-A-10 试件的荷载值为 109.268kN，而 GBJ-A-12 试件的荷载值为 130.783kN，与前三个试件相比，其荷载值提高了 16.83%以上。同样地，梁端位移负向加载到 104mm 时，GBJ-A-12 试件的荷载值为 130.999kN，比其他三个试件高出 15.20%以上。综合以上数据可见，在相同低周往复荷载作用下，GBJ-A-12 试件的极限承载力比其他三个试件高出 9%～12%。这充分表明，当钢管厚度增至 12mm 时，节点的承载力显著提升，证明合理增加核心区钢管壁厚能有效改善节点的力学性能，该设计方案使建筑节点在设防烈度地震工况下的位移角限值满足规范要求。

(4) 延性性能

在不同外包钢管厚度情况下，该新型节点的延性系数如表 5.2 所列。

表 5.2 不同外包钢管厚度下节点的延性系数

试件编号	加载方向	P_y/kN	Δ_y/mm	P_u/kN	Δ_u/mm	μ	μ_a
GBJ-A-6	正向	150.189	16	181.123	48	3.00	3.00
	负向	−149.308	−16	−181.594	−48	3.00	
GBJ-A-8	正向	154.633	16	180.639	32	2.00	2.00
	负向	−153.437	−16	−186.649	−32	2.00	
GBJ-A-10	正向	154.969	16	181.86	48	3.00	3.25
	负向	−152.642	−16	−181.59	−56	3.50	
GBJ-A-12	正向	162.856	16	202.828	48	3.00	3.00
	负向	−159.029	−16	−203.396	−48	3.00	

随着外包钢管厚度增加，延性系数呈现先降低再恢复至初始水平的趋势，表明节点在低周往复荷载作用下的塑性变形呈非线性发展。具体来看，GBJ-A-6 试件与 GBJ-A-8 试件的延性系数相差 1，GBJ-A-8 试件与 GBJ-A-10 试件相差 1.25，而 GBJ-A-6 试件与 GBJ-A-12 试件则相差无几。这表明，该新型节点的延性性能受外包钢管厚度的影响较小，即使厚度有所变化，其抗震性能依然具有一定的稳定性。在实际工程应用中，这意味着可以在一定范围内灵活选择钢管厚度，而无须过度担

心其对节点延性性能的影响，从而为工程设计提供了更多选择空间。

(5) 刚度退化

不同外包钢管厚度下各试件刚度退化曲线如图 5.4 所示。

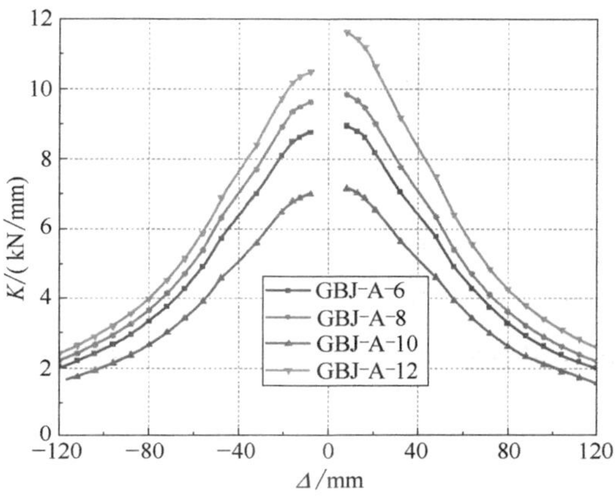

图 5.4　不同外包钢管厚度下各试件刚度退化曲线

不同管壁厚度的外包钢管参数模型在加载初期均呈现显著的刚度退化特征。随着外包钢管厚度由 6mm 增加至 12mm，GBJ-A 系列试件的初始刚度依次为 10.014kN/mm、10.303kN/mm、10.401kN/mm 和 10.573kN/mm。这表明，外包钢管厚度的增加对节点初始刚度的影响较小。各节点试件的刚度退化曲线基本一致，均呈现出先快后慢的退化趋势，中后期下降平缓，后期各节点的刚度退化趋势趋于一致。由此可见，不同管壁厚度的外包钢管参数模型在加载初期均具有相似的刚度特性，且随着加载的进行，刚度退化趋势基本一致。

(6) 耗能能力

不同外包钢管厚度的各试件模型耗能能力曲线如图 5.5 所示。

各节点试件的耗能能力随着梁端位移幅值的增加，呈现出逐步上升的趋势。在对外包钢管厚度进行研究时，当其厚度由 6mm 增加至 10mm 时，试件的耗能能力系数基本保持稳定，这表明在一定的厚度区间内，结构的耗能特性呈现出较为稳定的态势。然而，当外包钢管厚度增加至 12mm 时，此时模型的耗能能力相较于外包钢管较薄的模型有明显提升，但值得注意的是，在加载至后期阶段，节点的耗能系数出现了下降的情况。因此，为了确保该节点既能具备良好的耗能能力，同时能满足经济性要求，应当选择适宜的外包钢管厚度。

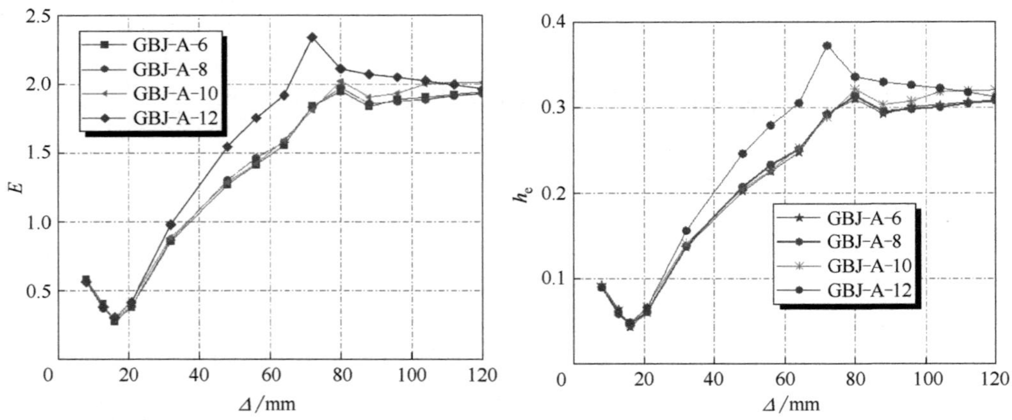

图 5.5 不同外包钢管厚度的各试件模型耗能能力曲线

5.2.2 外加强环厚度

在对盖板式外加强环 L 形钢管混凝土柱-钢梁节点进行深入研究时，基于第 3 章的研究成果，发现外加强环承担着来自钢梁传递的荷载，因此外加强环的厚度极有可能对抗震性能产生显著影响。鉴于此，在 GBJ-1-1 试件的基础上，对模型参数进行了调整，设置了外加强环厚度分别为 12mm、14mm、16mm 和 18mm 的四种不同试件，对应的试件编号分别为 GBJ-B-12、GBJ-B-14、GBJ-B-16 和 GBJ-B-18。在这个过程中，除了外加强环厚度这个关键参数外，节点的其他几何尺寸参数、边界条件以及柱轴压比等均保持与 GBJ-1-1 试件一致，从而系统地研究外加强环厚度变化对于节点抗震性能的影响。各试件外加强环厚度如表 5.3 所示。

表 5.3 各试件外加强环厚度

试件编号	GBJ-B-12	GBJ-B-14	GBJ-B-16	GBJ-B-18
外加强环厚度	12mm	14mm	16mm	18mm

外加强环作为节点的关键组成部分，其厚度的合理设计对于提高节点的承载能力、刚度以及耗能能力等抗震性能指标具有重要意义。已有研究表明，外加强环厚度的增加可以显著提高节点的强度和刚度，同时合理改变外加强环的形状和设置盖板可以使塑性铰远离柱面，从而提高节点的延性和刚度。通过对不同外加强环厚度的试件进行数值模拟，可以深入分析其对抗震性能的具体影响规律，为实际工程设计中外加强环厚度的选取提供科学依据。

(1) 应力应变分析

在不同外加强环厚度情况下，该新型节点在位移荷载达到 120mm 时的应力应变云图如图 5.6 所示。

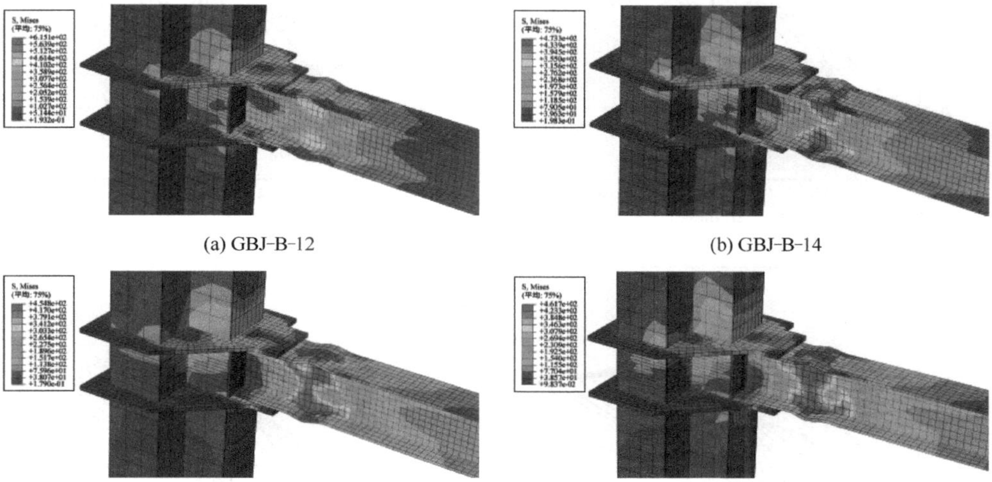

(a) GBJ-B-12　(b) GBJ-B-14

(c) GBJ-B-16　(d) GBJ-B-18

图 5.6　不同外加强环厚度下节点梁端位移为 120mm 时的应力应变云图

B 系列试件在加载过程中表现出以下力学特征：在外加强环与柱体连接部位均存在不同程度的应力集中效应，而节点核心区则呈现较低的应力水平。值得注意的是，各试件的应力集中现象主要分布于钢梁构件，同时伴随塑性铰形成位置均呈现显著外移特征。当外加强环厚度由 12mm 增加至 18mm 时，GBJ-B-18 试件在核心区形成明显高应力区域，区别于其他三个试件的应力分布模式。结果表明，随着梁端位移荷载的持续施加，钢梁构件更易发生屈曲失效现象，该现象揭示外加强环厚度的过度增加将导致节点抗震效能降低。基于此，工程实践中需合理设计外加强环厚度参数，以保障节点的抗震承载性能满足规范要求。

(2) 滞回曲线

不同外加强环厚度下各试件的滞回曲线如图 5.7 所示。

各试件的滞回曲线均较为饱满。当外加强环厚度处于 12～16mm 时，在低周往复荷载作用下，试件的滞回曲线变化较小。而当外加强环厚度增至 18mm 时，试件的滞回曲线更为饱满，且承载力有所提升，这表明适当增加外加强环厚度可有效增强节点的力学性能。不过，外加强环厚度的增加也会使钢梁部件的应力集中现象更为明显，核心区域出现高应力区，随着梁端位移的不断加载，钢梁更易发生屈

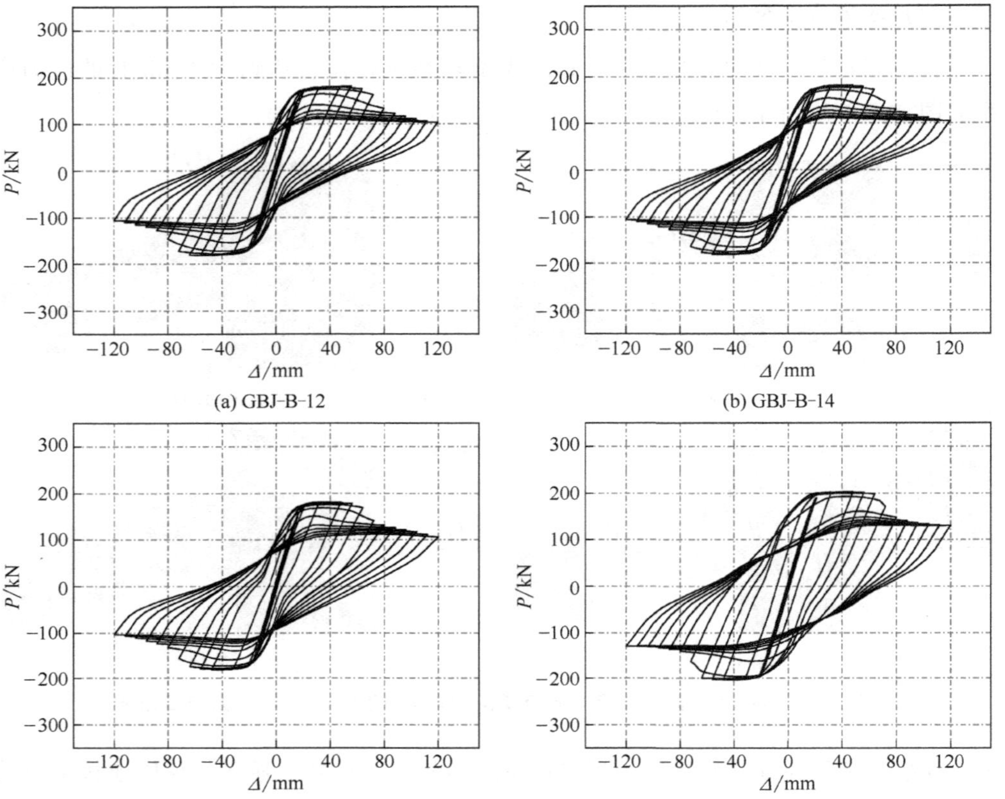

(a) GBJ-B-12　(b) GBJ-B-14　(c) GBJ-B-16　(d) GBJ-B-18

图 5.7　不同外加强环厚度下各试件的滞回曲线

曲破坏，因此外加强环厚度不宜过大。

(3) 骨架曲线与极限承载力

不同外加强环厚度下各试件的骨架曲线如图 5.8 所示。

梁端位移正向加载到 56mm 时，GBJ-B-12 试件荷载值为 181.125kN，GBJ-B-14 试件荷载值为 178.592kN，GBJ-B-16 试件荷载值为 177.949kN，GBJ-B-12、GBJ-B-14 及 GBJ-B-16 试件荷载值相差不大，GBJ-B-18 试件荷载值为 202.08kN，荷载值比其他三个试件高 11.6%～13.6%；梁端位移负向加载到 56mm 时，GBJ-B-12 试件荷载值为 181.198kN，GBJ-B-14 试件荷载值为 180.313kN，GBJ-B-16 试件荷载值为 179.551kN，GBJ-B-18 试件荷载值为 202.578kN，GBJ-B-18 试件荷载值比 GBJ-B-12 试件荷载值高 11.8%，GBJ-B-18 试件荷载值比 GBJ-B-14 试件荷载值高 12.3%；梁端位移正向加载到 104mm 时，GBJ-B-12 试件荷载值为 110.574kN，GBJ-B-14 试件荷载值为 111.776kN，GBJ-B-16 试件荷载值为

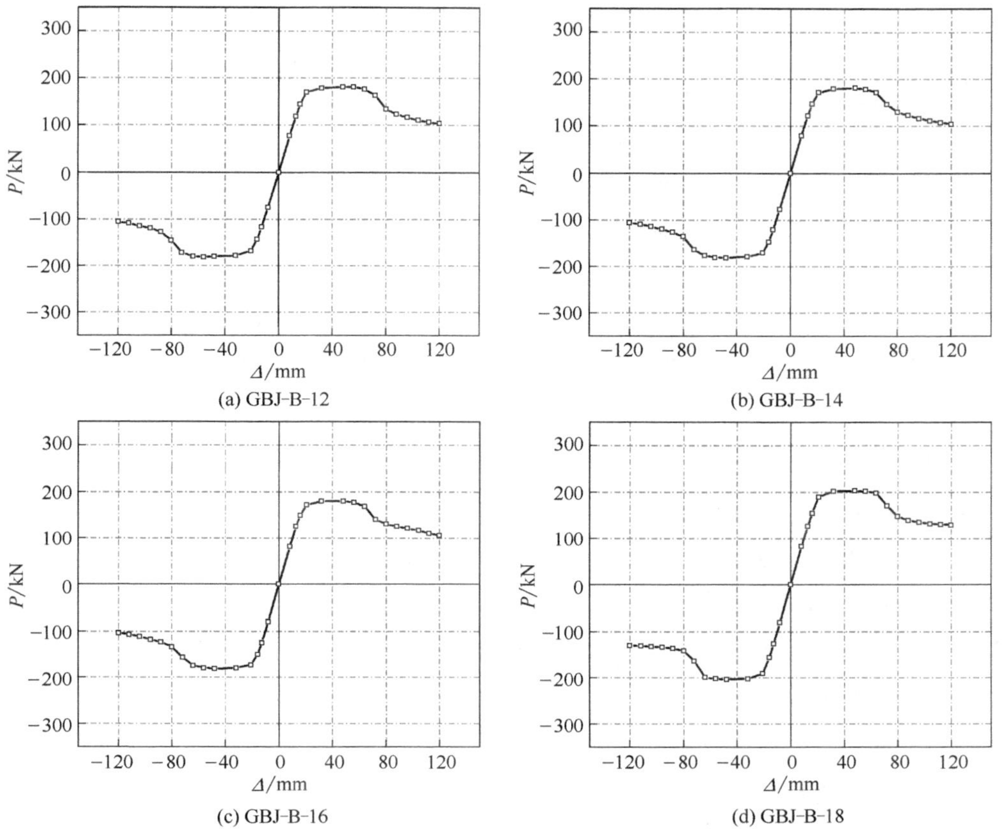

图 5.8　不同外加强环厚度下各试件的骨架曲线

117.171kN，GBJ-B-18 试件荷载值为 133.38kN，GBJ-B-12、GBJ-B-16 与 GBJ-B-18 试件荷载值相差较小，GBJ-B-18 试件与其他三个试件相比，荷载值提高 13.8%～20.6%；梁端位移负向加载到 104mm 时，GBJ-B-12 试件荷载值为 114.338kN，GBJ-B-14 试件荷载值为 113.964kN，GBJ-B-16 试件荷载值为 110.913kN，GBJ-B-18 试件荷载值为 131.463kN。GBJ-B-12 试件在梁端位移达到 56mm 时到达极限承载力 181.198kN；GBJ-B-14 试件在梁端位移达到 48mm 时到达极限承载力为 181.576kN；GBJ-B-16 试件在梁端位移达到 48mm 时到达极限承载力为 181.39kN；GBJ-B-18 试件在梁端位移达到 48mm 时到达极限承载力 203.458kN。由此可见，相同低周往复荷载作用下，GBJ-B-18 试件表现出更优的抗震性能，其变形量更小且极限承载力更高。综合对比表明，外加强环厚度在 12～16mm 区间内可实现承载力与变形控制的优化平衡。

（4）延性性能

在不同外加强环厚度情况下，节点试件的延性系数如表 5.4 所示。

表 5.4 不同外加强环厚度下节点试件的延性系数

试件编号	加载方向	P_y/kN	Δ_y/mm	P_u/kN	Δ_u/mm	μ	μ_a
GBJ-B-12	正向	144.78	16	181.125	56	3.50	3.50
	负向	−143.034	−16	−181.198	−56	3.50	
GBJ-B-14	正向	146.789	16	181.576	48	3.00	3.00
	负向	−146.606	−16	−181.325	−48	3.00	
GBJ-B-16	正向	149.833	16	180.608	48	3.00	3.00
	负向	−150.199	−16	−181.39	−48	3.00	
GBJ-B-18	正向	155.723	16	202.978	48	3.00	3.00
	负向	−156.206	−16	−203.458	−48	3.00	

节点模型的位移延性系数介于 3.0～3.5，显著高于普通《混凝土结构规范》要求的基准值 2.0，说明模型具有良好的延性。随着外加强环厚度的增大，GBJ-B-12 与其他三个节点试件的延性系数相差 0.5，而 GBJ-B-14、GBJ-B-16 与 GBJ-B-18 的延性系数没有变化。由此可见，该新型节点的延性性能受外加强环厚度影响较小。

(5) 刚度退化

不同外加强环厚度下各试件刚度退化曲线如图 5.9 所示。

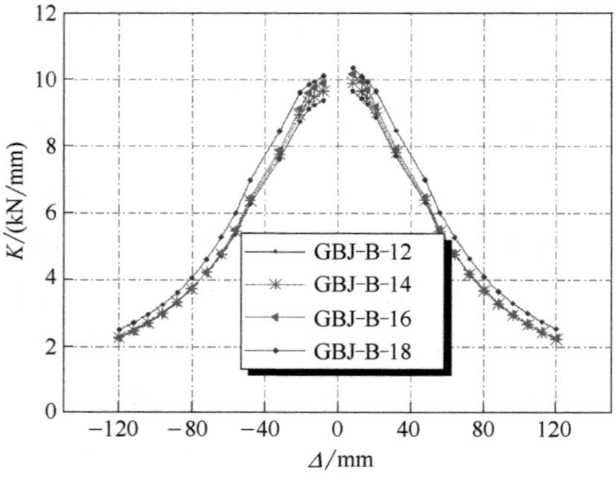

图 5.9 不同外加强环厚度下各试件刚度退化曲线

各节点试件在位移加载过程中，环线刚度系数走势基本一致，均呈现出刚度退化的趋势，环线刚度变化值位于 2.228～10.371。具体来看，GBJ-B-12 的初始刚度为 9.668kN/mm，GBJ-B-14 的初始刚度为 9.914kN/mm，GBJ-B-16 的初始刚度为 10.185kN/mm，GBJ-B-18 的初始刚度为 10.371kN/mm。从加载初期到达到峰值荷载之前，各节点试件的刚度退化曲线斜率基本一致。由此可见，外加强环厚度的提高对该新型节点的刚度影响较小。

(6) 耗能能力

不同外加强环厚度下各试件耗能曲线如图 5.10 所示。

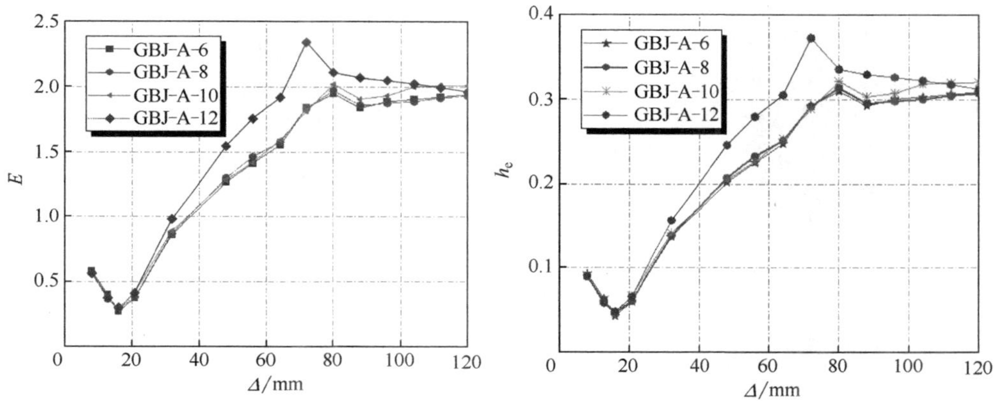

图 5.10 不同外加强环厚度下各试件耗能能力曲线

随着位移荷载的增加，四个模型的耗能能力变化趋势相似，均呈现出逐级增长的态势。当外加强环厚度增至 18mm 时，节点的耗能能力相比其他模型有显著提升，这表明在一定范围内增加外加强环厚度，可以有效增强节点的耗能能力。然而，当加载至后期，耗能系数会下降至与其他外加强环厚度节点相近的水平。因此，在保证节点抗震性能的前提下，应综合考虑经济性，合理选择外加强环的厚度，避免因厚度的盲目增加而导致材料浪费和成本上升。

5.2.3 钢梁截面尺寸

在低周往复荷载作用下，盖板式外加强环 L 形钢管混凝土柱-钢梁节点的钢梁变化较为显著。为此，依据《热轧 H 型钢和部分 T 型钢》(GB/T 11263—2017)[2]，在对钢梁截面尺寸为 HM244×175×7×11 的中翼缘模型进行模拟的基础上，新增宽翼缘和窄翼缘两种不同钢梁作为分析对象，通过控制梁翼缘宽度与高度比分别为 0.98、1.39 和 2.00 来研究不同钢梁对节点抗震性能的影响，具体参数见表 5.5。

表 5.5 各试件钢梁截面尺寸

试件编号	GBJ-C-1	GBJ-C-2	GBJ-C-3	GBJ-C-4
截面尺寸/mm	250×125×6×9	248×124×5×8	200×204×12×12	250×255×14×14

(1) 应力应变分析

在不同钢梁截面情况下，节点在位移荷载达到 120mm 时的应力应变云图如图 5.11 所示。

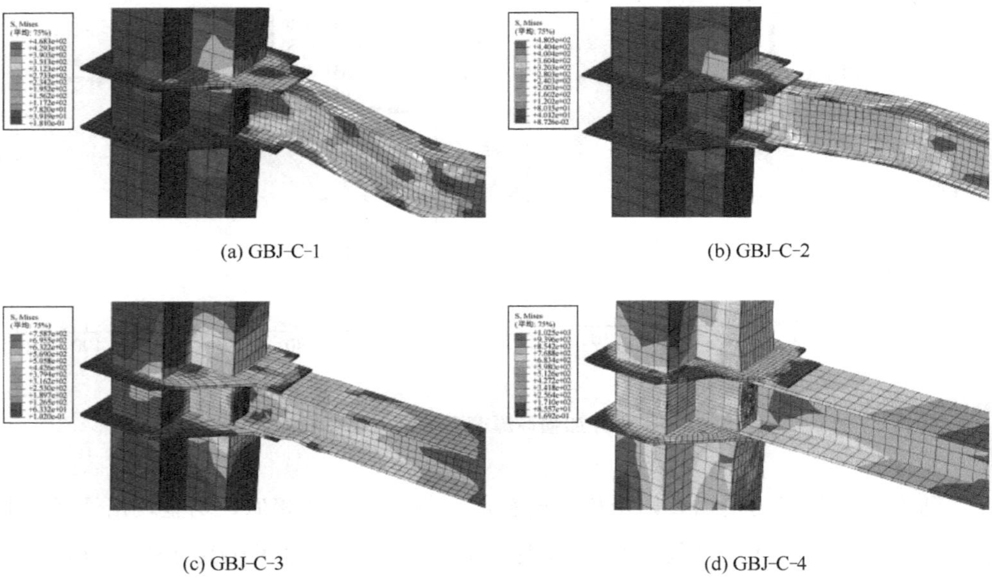

(a) GBJ-C-1 (b) GBJ-C-2

(c) GBJ-C-3 (d) GBJ-C-4

图 5.11 不同钢梁截面尺寸节点梁端位移至 120mm 时的应力应变云图

随着梁翼缘宽高比减小，各试件梁端翼缘和腹板均出现不同程度的局部屈曲形变。当选用翼缘宽高比为 2.0 的窄翼缘钢梁时，GBJ-C-1 和 GBJ-C-2 节点试件出现显著侧移及腹板屈曲现象；而选用翼缘宽高比为 0.98 的宽翼缘钢梁时，GBJ-C-3 试件应力分散均匀，从外加强环与钢梁连接处沿梁端向外延伸；GBJ-C-4 试件应力则集中于外加强环与柱连接处，各部件出现明显弯曲变形，钢管受拉鼓曲并与混凝土柱壁分离，外加强环翘曲，端板顶部和底部也发生弯曲变形。

对比 GBJ-1-1 中翼缘钢梁试件可知：其一，GBJ-C-1 和 GBJ-C-2 的钢梁截面刚度不足，难以限制较大位移荷载产生的不对称受力变形，故出现明显侧移现象；其二，GBJ-1-1 采用中翼缘钢梁，抗震性能良好，且易于实现塑性铰外移；其三，在 GBJ-1-1 基础上，一定范围内增加翼缘宽度可提高钢梁刚度，减小梁截面水平变化，但当钢梁强度高于外加强环时，如 GBJ-C-3 试件，会导致节点核心区域应力集中，外加强环先于钢梁产生应力集中，使钢梁无法形成塑性铰并外移。

(2) 滞回曲线

不同钢梁截面尺寸下各试件的滞回曲线如图 5.12 所示。

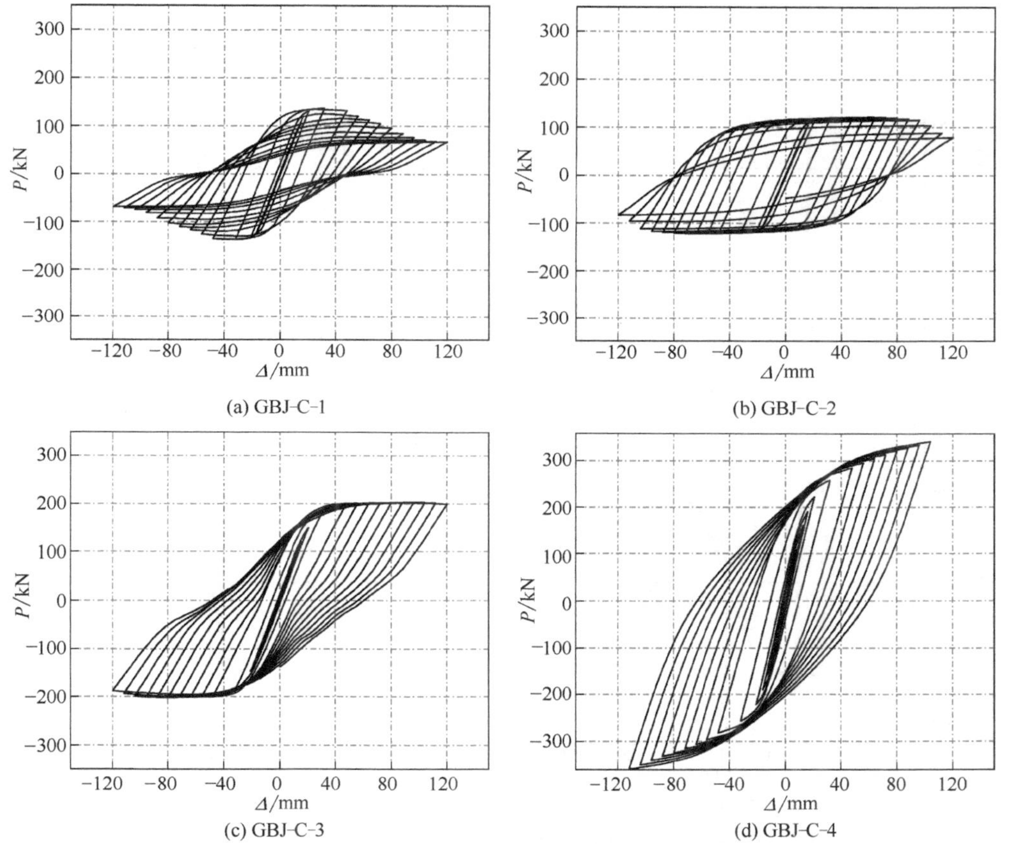

(a) GBJ-C-1　(b) GBJ-C-2　(c) GBJ-C-3　(d) GBJ-C-4

图 5.12 不同钢梁截面尺寸下各试件的滞回曲线

随着梁翼缘宽高比的减小，试件的整体滞回曲线得到了明显的改善。当选取翼缘宽高比为 2.0 的窄翼缘钢梁时，GBJ-C-1 试件滞回面积较小且伴随明显捏缩，且当梁端位移加载到 30mm 左右时，试件就达到了极限承载力，继续加载后承载力开始下降；试件 GBJ-C-2 试件相较于 GBJ-C-1 试件减小了钢梁翼缘与腹板的厚度，节点所表现出的滞回曲线饱满度好于 GBJ-C-1 试件，没有明显的捏缩现象。当翼缘宽高比为 0.98 时，各试件滞回曲线形状均较为饱满，其中 GBJ-C-3 试件为明显的梭形，略有捏缩，说明各节点试件的抗震特性能好；GBJ-C-4 试件虽然承载力比较高，但是滞回曲线没有明显的下降段，钢梁的塑性变形不明显，这容易导致节点的突然破坏，与“强节点、弱构件”的抗震要求不符，应尽量避免该类梁的选择。

(3) 骨架曲线与极限承载力

不同钢梁截面尺寸下各试件的骨架曲线如图 5.13 所示。

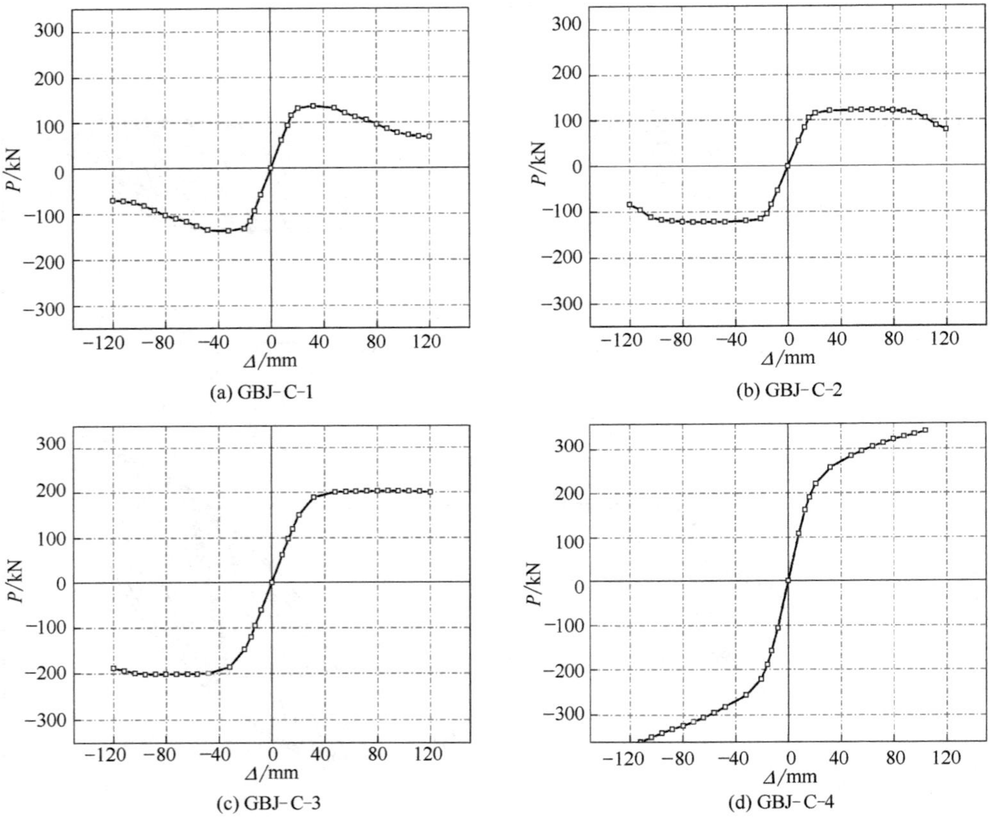

图 5.13 不同钢梁截面尺寸下各试件的骨架曲线

不同梁翼缘高宽比下，各节点试件的极限承载力有较大差别。当高宽比为 2.0 时，GBJ-C-1 试件因翼缘与加强环接触面积不足引发应力集中，骨架曲线首先出现拐点，并且下降速度比较快，钢梁整体发生了明显的侧移。保持高宽比但减薄构件厚度的 GBJ-C-2 试件在梁端加载位移达到 64mm 之后，承载力开始出现缓慢下降，相较于 GBJ-C-1 试件出现拐点更晚，且下降段更加平缓，但与 GBJ-C-1 试件相比，GBJ-C-2 试件的峰值荷载降低了 10.9%，原因在于保持钢梁翼缘高宽比但减少梁翼缘与加强环接触面积，使得钢梁更容易屈服并侧移。当梁高宽比为 1.39 时，节点试件 GBJ-1-1 与 GBJ-C-1 和 GBJ-C-2 相比峰值荷载提高了 57.2%和 76.4%。当继续提升梁截面尺寸到高宽比达到 0.98 时，GBJ-C-3 试件在梁端加载位移达到 88mm 之后，承载力开始出现缓慢下降，且此时节点试件并未在钢梁塑性铰处发生开裂破坏，只是发生了塑性变形，与 GBJ-C-2 试件相比，GBJ-C-3 试件的峰值荷载提升了 32.6%；而 GBJ-C-4 试件在梁端加载后承载力并未出现下降，与 GBJ-1-1 试件相比，GBJ-1-4 试件的峰值荷载提升了 37.2%，可以看出，随着梁翼缘高宽比的减小，该新型节点的承载能力有较大影响。

(4) 延性性能

在不同钢梁截面尺寸情况下，该新型节点的延性系数如表 5.6 所列。

表 5.6　不同钢梁截面尺寸下节点的延性系数

试件编号	加载方向	P_y/kN	Δ_y/mm	P_u/kN	Δ_u/mm	μ	μ_a
GBJ-C-1	正向	116.637	16	136.818	32	2.00	2
	负向	−116.43	−16	−137.109	−32	2.00	
GBJ-C-2	正向	104.524	16	121.867	64	4.00	4
	负向	−104.139	−16	−122.052	−64	4.00	
GBJ-C-3	正向	119.796	16	202.895	96	6.00	5.75
	负向	−118.782	−16	−202.091	−88	5.50	
GBJ-C-4	正向	190.151	16	342.427	104	6.50	6.75
	负向	−189.115	−16	−358.795	−112	7.00	

梁翼缘高宽比从 2 变化到 0.98 时，节点试件的延性系数逐渐增大；相比于 GBJ-C-1、GBJ-C-2 试件的延性系数，GBJ-1-1 试件的延性系数提高了 157.50%、29.5%。虽然 GBJ-C-3 和 GBJ-C-4 试件的延性系数均大于 5，但滞回曲线没有明显的下降段。因此节点试件的延性性能受梁翼缘高宽比影响较大，合理地选取梁翼缘高宽比对该新型节点的延性系数等指标具有重要意义。

(5) 刚度退化

不同钢梁截面尺寸下各试件的刚度退化曲线如图 5.14 所示。

不同梁翼缘高宽比下，各节点试件的刚度退化曲线有明显差异。在梁翼缘高宽比相同的情况下，截面面积越大，试件的初始刚度越大。当梁翼缘高宽比为 2 时，GBJ-C-1 与 GBJ-C-2 试件曲线整体低于 GBJ-1-1、GBJ-C-3 与 GBJ-C-4 试件。当梁翼缘高宽比为 0.98 时，GBJ-C-4 试件的初始刚度最大，但是刚度退化速度也快，滞回曲线没有明显下降段，并且节点区域发生应力集中现象，说明当钢梁截面尺寸

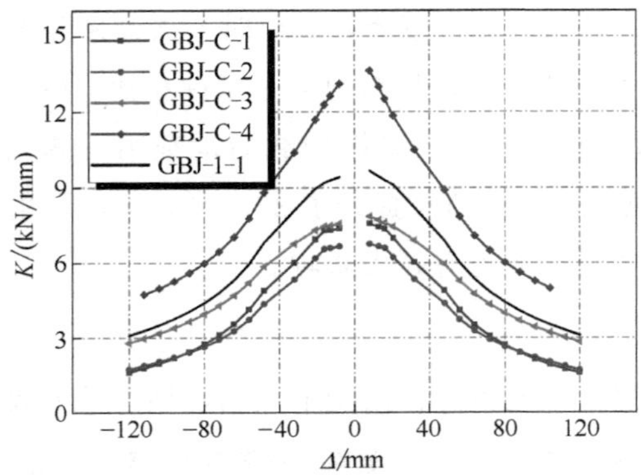

图 5.14 不同钢梁截面尺寸下各试件的刚度退化曲线

太大并不利于节点试件的抗震性能。当梁翼缘高宽比为 1.39 时，GBJ-1-1 试件初始刚度与下降段明显高于 GBJ-C-1、GBJ-C-2 与 GBJ-C-3 试件，说明在满足钢梁强度的情况下，与节点出现的应力集中区域有关。GBJ-1-1 试件实现塑性铰外移，充分发挥了构件的力学性能。

(6) 耗能能力

计算得到不同钢梁截面尺寸的各试件模型耗能能力曲线如图 5.15 所示。

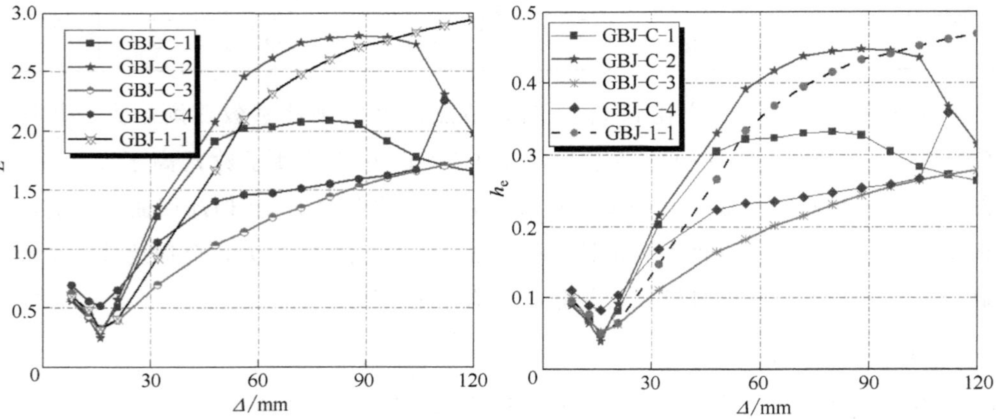

图 5.15 计算得到不同钢梁截面尺寸的各试件模型耗能能力曲线

随着梁端竖向加载位移增加，节点试件累积耗能逐步增大，但梁截面尺寸差异导致耗能能力显著分化，表现为参数 E 与 h_e 呈现不同增长趋势。加载初期，各节点试件的等效黏滞阻尼系数在 0.218 以下，能量耗散系数在 1.372 以下，耗能系数相差不大，此时耗能系数曲线存在部分重合；加载至 $5\Delta_y$ 之后各模型的耗能系数曲线出现明显的分离；节点试件在弹塑性阶段时等效黏滞阻尼系数为 0.263～0.469，能量耗散系数为 1.657～2.951，说明节点试件在屈服之后，耗能能力才充分发挥出来。

GBJ-C-3 和 GBJ-C-4 试件相比于 GBJ-1-1、GBJ-C-1 和 GBJ-C-2 试件耗能系数略小，说明梁截面尺寸过大会降低节点耗能能力，GBJ-C-1 和 GBJ-C-2 试件相较于其他节点试件耗能曲线存在下降段，表明梁截面尺寸过小，节点的极限承载力会减弱，在钢梁处更容易出现侧向屈曲现象。通过以上分析得出，梁翼缘宽度在大于 240mm、高宽比小于 1.39 时，该新型节点具有较好的耗能能力。

5.2.4　外加强环长厚比

改变外加强环外伸的距离和厚度可能导致梁端塑性铰位置发生变化，进而影响结构的抗震性能。为了研究外加强环长厚比对新型节点抗震性能的影响，定义外加强环长厚比为控制参数，分别编号 GBJ-D-12、GBJ-D-14、GBJ-D-16 和 GBJ-D-20 作为分析对象。外加强环长厚比试件明细如表 5.7 所示。

表 5.7　各试件外加强环长厚比

试件编号	GBJ-D-12	GBJ-D-14	GBJ-D-16	GBJ-D-20
外加强环长厚比	12	14	16	20

(1) 应力应变分析

在不同外加强环长厚比情况下，该节点在位移达到 120mm 时的应力应变云图如图 5.16 所示。

不同环板长厚比的试件梁端均形成了明显的塑性铰，但是梁腹板变形有所差异。随着外加强环外伸的距离增加，试件的塑性铰位置出现移动，GBJ-D-12 试件与 GBJ-D-12 试件的钢梁腹板弯曲现象增强，这是由于塑性铰外移使得钢梁承担更多梁端传来的荷载，而腹板作为薄弱区容易发生屈服；当外加强环长厚比小于 14 时，各试件应变相似，塑性铰的发展较为充分，同时非核心区和钢管柱均处于弹性阶段，没有明显的变形，说明外加强环长厚比小于 14 时，该新型节点能够很好地保护节点区，同时塑性铰发展较为充分，能够达到抗震设计要求。

(2) 滞回曲线

不同外加强环长厚比下各试件的滞回曲线如图 5.17 所示。

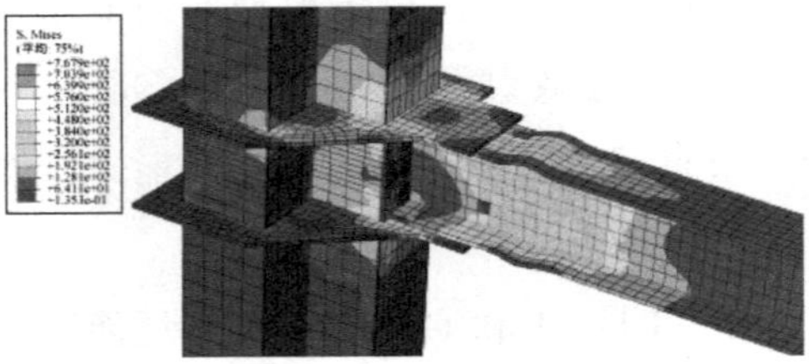
(a) GBJ-D-12

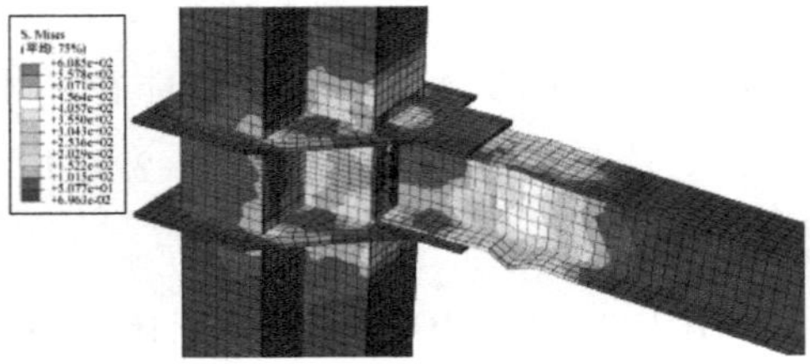
(b) GBJ-D-14

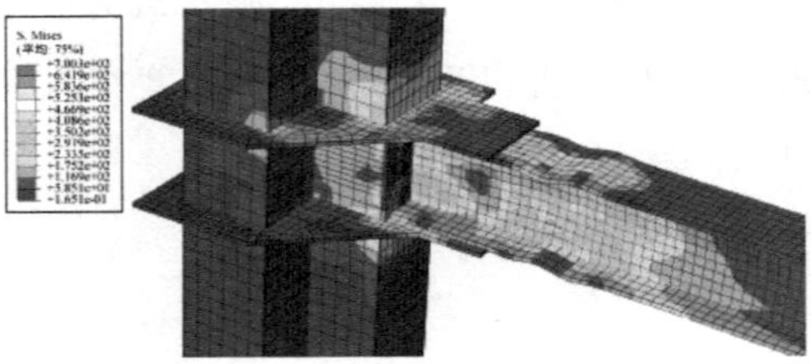
(c) GBJ-D-16

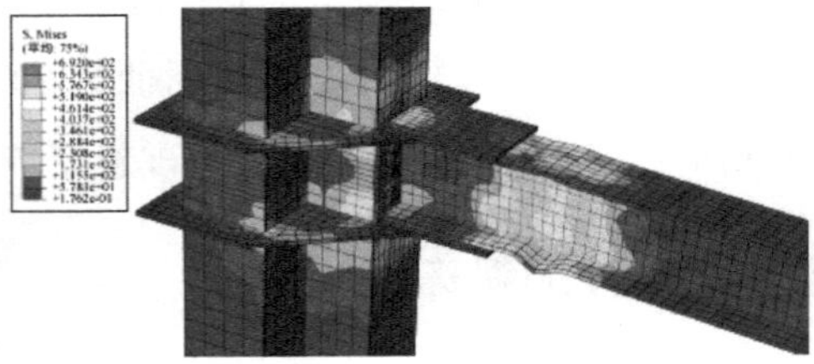
(d) GBJ-D-2

图 5.16 不同外加强环长厚比下节点梁端位移 120mm 时的应力应变云图

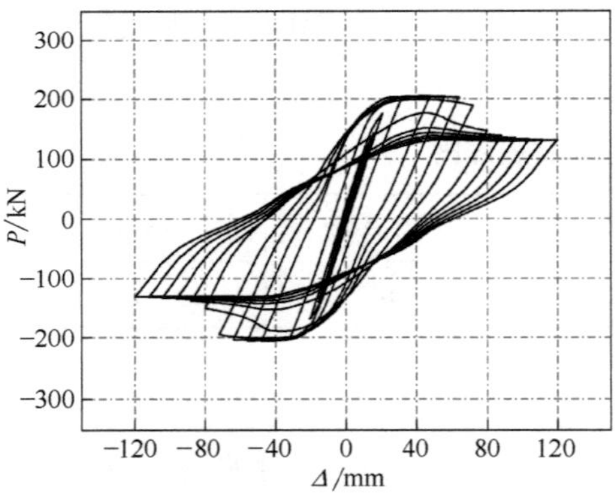

(a) GBJ-D-12

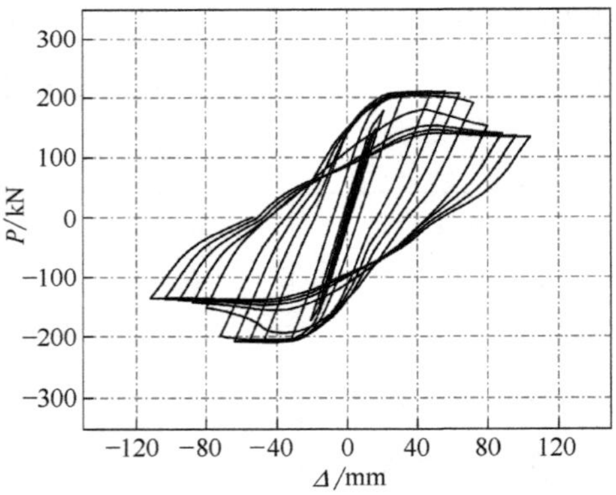

(b) GBJ-D-14

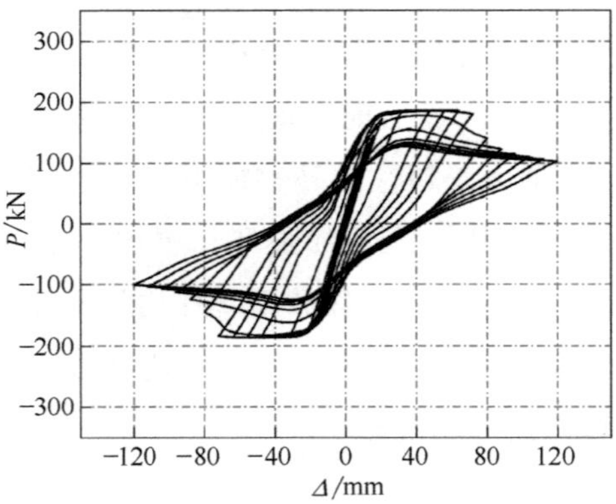

(c) GBJ-D-16

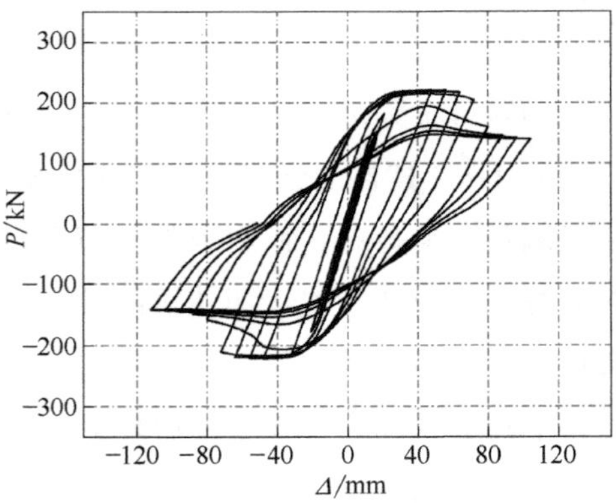

(d) GBJ-D-20

图 5.17 不同外加强环长厚比下各试件的滞回曲线

在不同外加强环长厚比作用下的滞回曲线均表现饱满；当外加强环长厚比增加至 16 时，得到的滞回曲线有捏缩现象，这主要是因为钢梁承担过多荷载，腹板发生了屈曲现象。而当外加强环长厚比提高为 20 时，GBJ-D-20 试件与 GBJ-D-12 试件相比在循环往复荷载作用下得到的滞回曲线相对提升不大。

(3) 骨架曲线与极限承载力

不同外加强环长厚比下各试件的骨架曲线如图 5.18 所示。

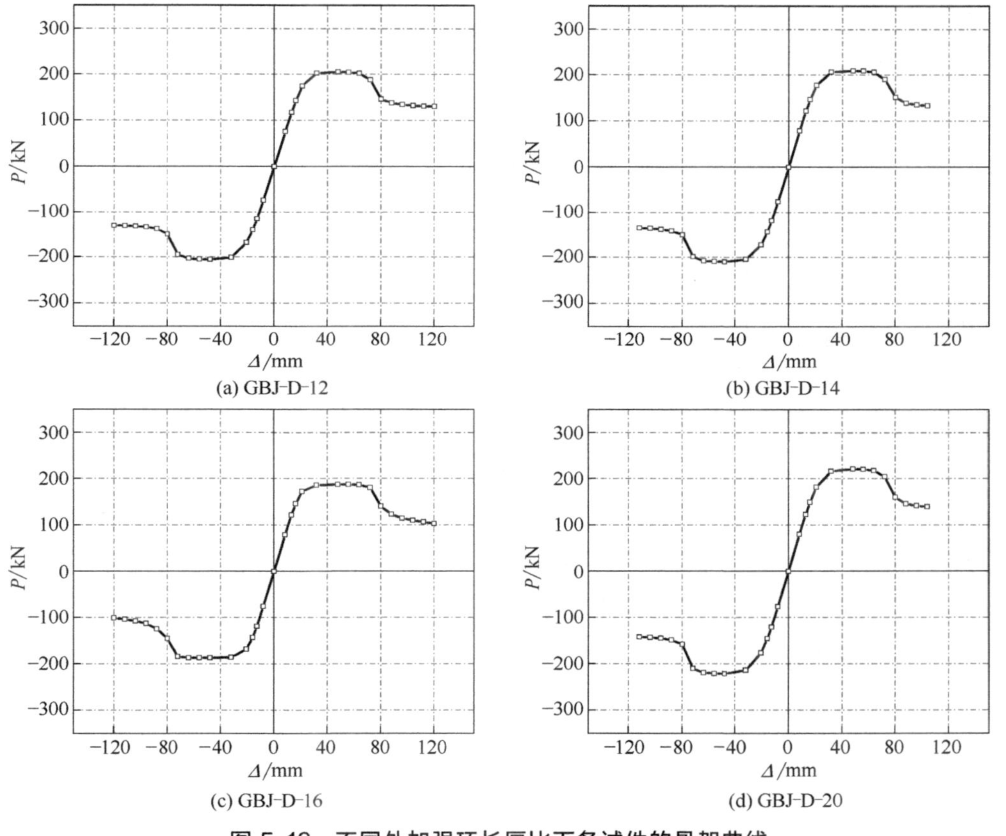

图 5.18　不同外加强环长厚比下各试件的骨架曲线

在梁端加载位移达到 20mm 之后，各节点相继进入弹塑性阶段，此时钢梁与外加强环板处塑性铰形成；GBJ-D-12、GBJ-D-14 和 GBJ-D-16 试件在加载位移达到 48mm 之后承载力开始出现下降，并且下降速度缓慢；GBJ-D-20 试件在梁端加载位移达到 56mm 时承载力开始下降；随着外加强环长厚比的增大，相比于 GBJ-D-12 试件，GBJ-D-14～GBJ-D-20 试件的极限承载力分别提高了 2.03%、−9.11% 和 7.66%，从而可以看出外加强环长厚比的增大对该新型节点的极限承载力影响不显著。

(4) 延性性能

在不同外加强环长厚比情况下，该新型节点的延性系数如表 5.8 所列。

表 5.8 不同外加强环长厚比下节点的延性系数

试件编号	加载方向	P_y/kN	Δ_y/mm	P_u/kN	Δ_u/mm	μ	μ_a
GBJ-D-12	正向	142.847	16	136.818	32	2.00	2.00
	负向	−139.922	−16	−137.109	−32	2.00	
GBJ-D-14	正向	146.627	16	209.408	48	3.00	3.00
	负向	−143.897	−16	−209.879	−48	3.00	
GBJ-D-16	正向	145.758	16	202.895	96	6.00	5.75
	负向	−143.191	−16	−202.091	−88	5.50	
GBJ-D-20	正向	149.342	16	221.048	48	3.00	3.00
	负向	−145.767	−16	−221.457	−48	3.00	

分析表明，随着外加强环长厚比参数由 12 增至 20，试件屈服位移未呈现明显波动，但其延性系数呈现先上升后下降的非单调变化特征。值得注意的是，所有节点的延性系数均高于 2.0，充分验证了各节点具备优异的塑性变形能力。研究结果显示，加强环长厚比对节点延性性能的增强效应并不显著，这表明在工程实践中仅需依据规范要求选择适当的长厚比参数即可满足结构延性设计需求。

(5) 刚度退化

不同外加强环长厚比下各试件的刚度退化曲线如图 5.19 所示。

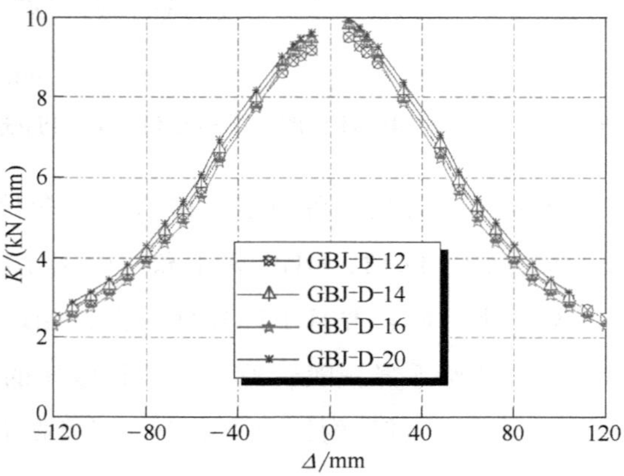

图 5.19 不同外加强环长厚比下各试件的刚度退化曲线

结果表明，各节点刚度退化规律具有一致性。随着外加强环长厚比从 12 增至 20，节点初始刚度由 9.516kN/mm 逐步提升至 10.015kN/mm；当梁端位移达 104mm 时，对应刚度值分别为 2.960kN/mm（GBJ-D-12）、3.017kN/mm（GBJ-D-14）、2.773kN/mm（GBJ-D-16）和 3.156kN/mm（GBJ-D-20）。与基准试件 GBJ-D-12 相比，各节点刚度增长率依次为 3.32%、3.73%、5.24%，整体增幅不超过 10%，可见长厚比对刚度增长的提升效应有限。

(6) 耗能能力

计算得到不同外加强环长厚比的各试件模型耗能曲线如图 5.20 所示。

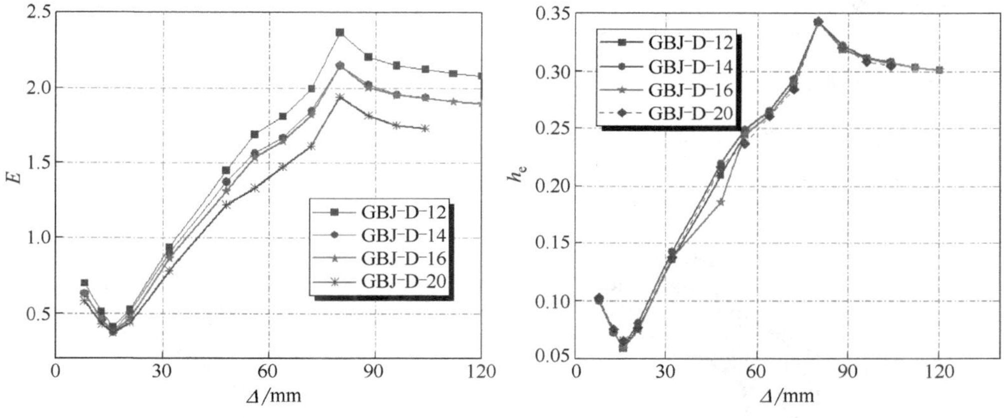

图 5.20　计算得到不同外加强环长厚比的各试件模型耗能曲线

数据表明，各节点耗能曲线呈现相似变化规律，能量耗散系数随位移增加持续上升。当外加强环长厚比从 12 增至 20 时，耗能特性未发生显著改变：梁端位移达 120mm 时，等效黏滞阻尼系数均维持在 0.3 以上，其中 GBJ-D-14、GBJ-D-16 和 GBJ-D-20 试件较基准试件的 E 和 h_e 值仅增长 0.33%～0.75%。表明该参数对结构耗能能力的改善效果较为有限。

5.3　材料参数分析

通过改变节点部件的材料强度可能会引起各部件之间强度关系的变化，从而影响节点的力学性能。因此，分别研究混凝土、钢管和钢梁 3 个部件的材料属性对节点性能的影响。

5.3.1 混凝土强度

节点中的核心混凝土位于L形钢管之间，显著提升了钢管的侧向刚度。参考《混凝土结构设计规范》(GB 50010—2010)[3] 中关于混凝土立方体抗压强度和弹性模量的规定，基于GBJ1-1试件的设计参数，选取了C45、C50、C60和C70四种不同强度等级的混凝土，对应的模型参数详见表5.9。

表5.9 混凝土强度试件明细

试件编号	GBJ-E-45	GBJ-E-50	GBJ-E-60	GBJ-E-70
混凝土等级	C45	C50	C60	C70

(1) 滞回曲线

不同混凝土强度下各试件的滞回曲线如图5.21所示。

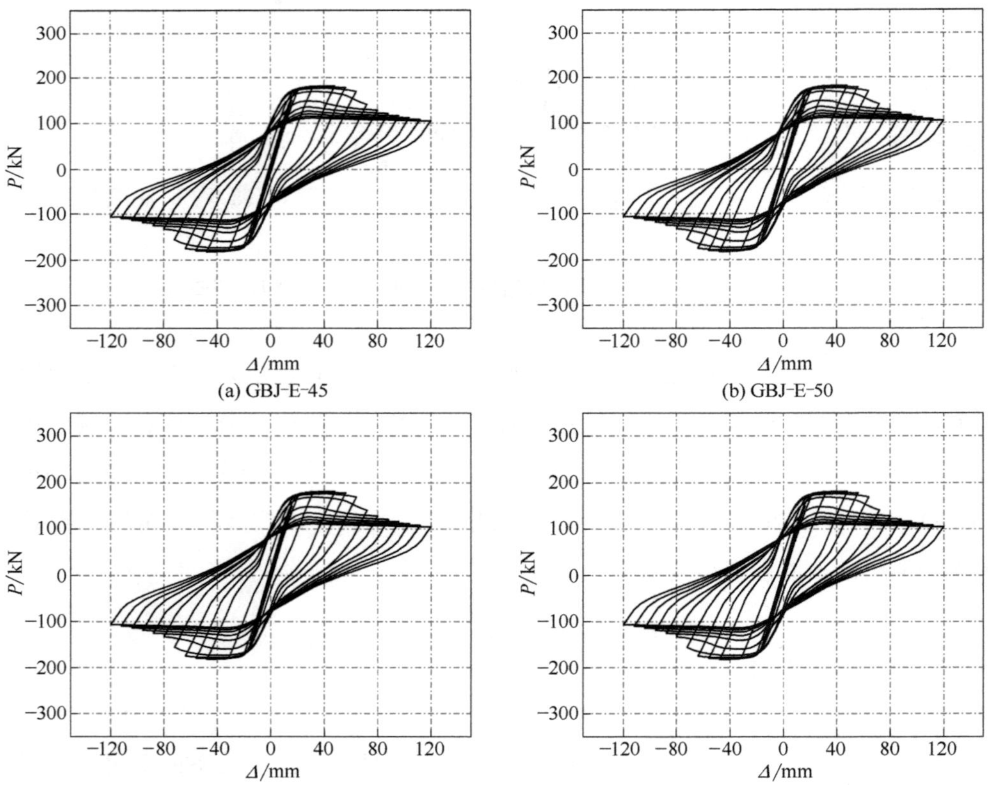

图5.21 不同混凝土强度下各试件的滞回曲线

在不同强度等级的混凝土试件中，所有结构节点的滞回曲线均展现出梭形特征。通过对比分析发现，当混凝土强度从 C30 提升至 C70 时，各试件的滞回曲线表现出高度一致性。结果表明，在混凝土立方体抗压强度 30～70MPa 范围内，结构节点的耗能能力、刚度退化率等滞回特性指标对材料强度的敏感性较低，其抗震性能未呈现显著变化趋势。这种现象可能与节点核心区箍筋约束效应和钢材屈服强度共同作用有关，使得混凝土强度参数在试验设定范围内的改变未能对结构滞回行为产生实质性影响。

(2) 骨架曲线与极限承载力

不同混凝土强度下各试件的骨架曲线如图 5.22 所示。

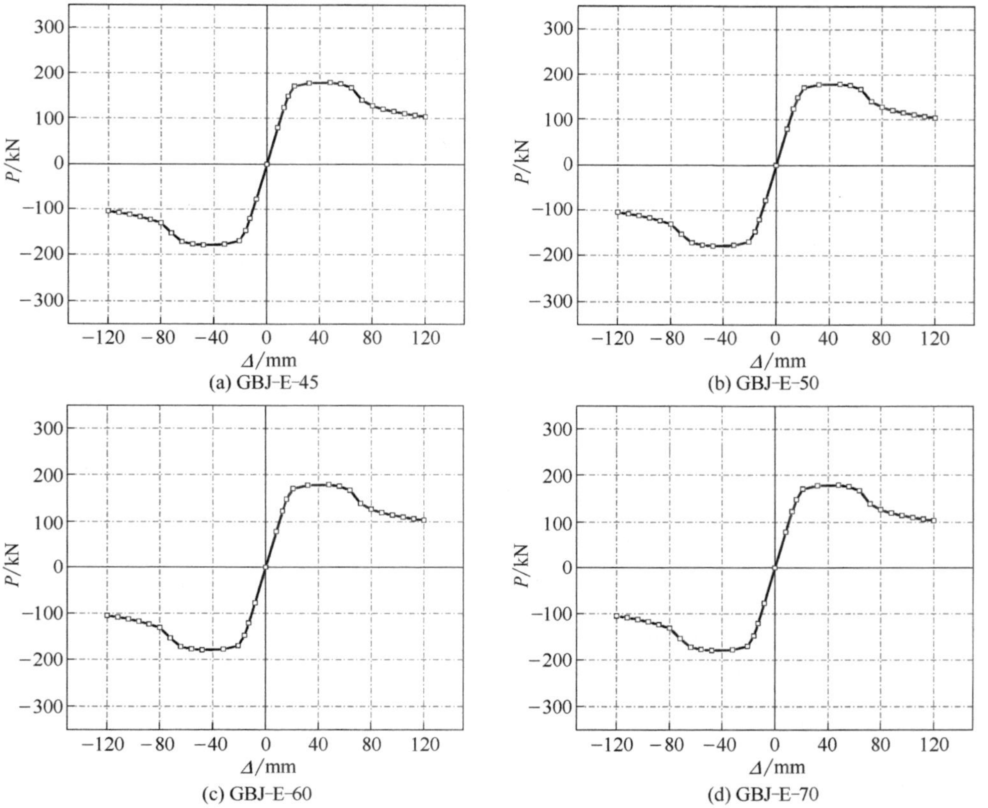

图 5.22　不同混凝土强度下各试件的骨架曲线

梁端位移正向加载到 32mm 时，GBJ-E-45 荷载值为 178.794kN，GBJ-E-50 荷载值为 178.773kN，GBJ-E-60 荷载值为 178.823kN，GBJ-E-70 荷载值为 178.83kN，各节点试件荷载值相差不大；梁端位移负向加载到 32mm 时，GBJ-E-

45 荷载值为 178.976kN，GBJ-E-50 荷载值为 178.983kN，GBJ-E-60 荷载值为 178.98kN，GBJ-E-70 荷载值为 178.995kN，GBJ-E-70 荷载值比 GBJ-E-45 荷载值仅差 0.009%；GBJ-E-45 节点试件在梁端位移达到 56mm 时到达极限承载力 181.029kN；GBJ-E-50 节点试件在梁端位移达到 48mm 时到达极限承载力 181.027kN；GBJ-E-60 节点试件在梁端位移达到 48mm 时到达极限承载力 181.044kN；GBJ-E-70 节点试件在梁端位移达到 48mm 时到达极限承载力 181.089kN。由此可见，相同低周往复荷载作用下，混凝土强度为 C45～C70 时并没有提高试件的承载力，采用 C30 混凝土即可满足承载力需求。

(3) 延性性能

在不同混凝土强度情况下，该新型节点的延性系数如表 5.10 所列。

表 5.10 不同混凝土强度下节点的延性系数

试件编号	加载方向	P_y/kN	Δ_y/mm	P_u/kN	Δ_u/mm	μ	μ_a
GBJ-E-45	正向	147.374	16	180.933	56	3.50	3.50
	负向	−146.454	−16	−181.029	−56	3.50	
GBJ-E-50	正向	147.505	16	180.969	48	3.00	3.25
	负向	−146.299	−16	−181.027	−56	3.50	
GBJ-E-60	正向	148.591	16	180.97	48	3.00	3.25
	负向	−147.399	−16	−181.044	−56	3.50	
GBJ-E-70	正向	149.488	16	180.996	48	3.00	3.00
	负向	−147.409	−16	−181.089	−48	3.00	

随着混凝土等级的增大，延性系数逐渐减小。GBJ-E-45 与 GBJ-E-50 的平均延性系数相差 0.25，GBJ-E-45 与 GBJ-E-70 的延性系数相差 0.50。但总体延性系数保持在较为良好的水平。因此，混凝土强度对延性系数影响不大。

(4) 刚度退化

不同外加强环厚度下各试件的刚度退化曲线如图 5.23 所示。

不同混凝土参数的节点试件在加载过程中均表现出刚度退化的趋势，加载初期刚度退化严重。随着荷载的增加，试件进入屈服阶段，刚度退化变得平缓，这时钢梁与外加强环产生协同变形并显著弱化节点刚度。混凝土强度不同，但试件的刚度退化曲线均呈现出基本一致的演变规律，不同强度试件的性能衰减轨迹近乎重叠。

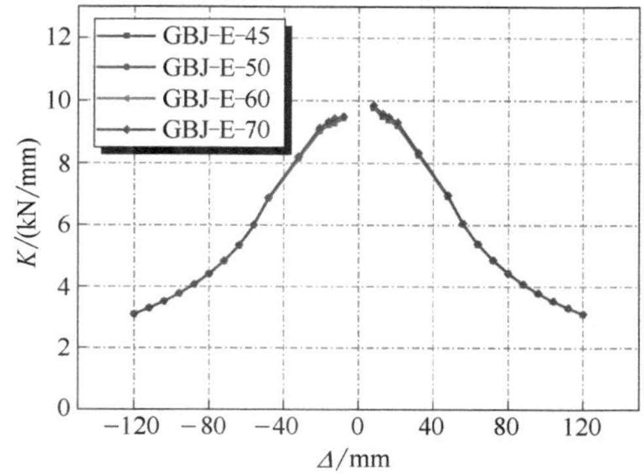

图 5.23　不同外加强环厚度下各试件的刚度退化曲线

(5) 耗能能力

不同混凝土强度下各试件耗能能力曲线如图 5.24 所示。

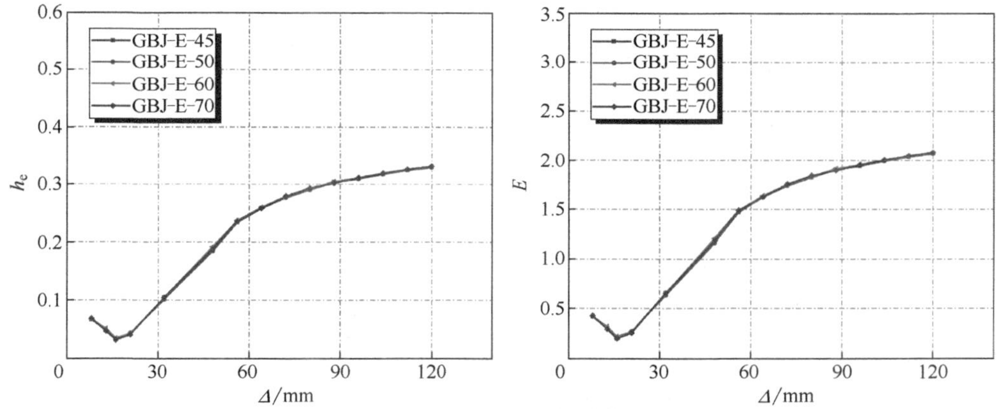

图 5.24　不同混凝土强度下各试件耗能能力曲线

图 5.24 中 h_e 和 E 随着梁端位移荷载的增加而增加，说明试件随着力的增加吸收更多能量，梁端位移 120mm 时，曲线整体的贴合度很高，说明混凝土强度的提高对节点的耗能能力基本没有影响。

5.3.2　钢管强度

钢管既是混凝土的永久性模板，也是承受柱竖向荷载和梁端传递过来的位移荷载的主要部件。选取规范《钢结构设计标准》(GB 50017—2017)[4] 中常用的钢材等级，将模型中的钢管强度等级分别设置为 Q235、Q345、Q420 和 Q460。钢管强度试件明细如表 5.11 所示。

表 5.11 各试件钢管强度

试件编号	GBJ-1-1	GBJ-F-345	GBJ-F-420	GBJ-F-460
钢管强度	Q235	Q345	Q420	Q460

(1) 滞回曲线

不同钢管强度下各试件的滞回曲线如图 5.25 所示。

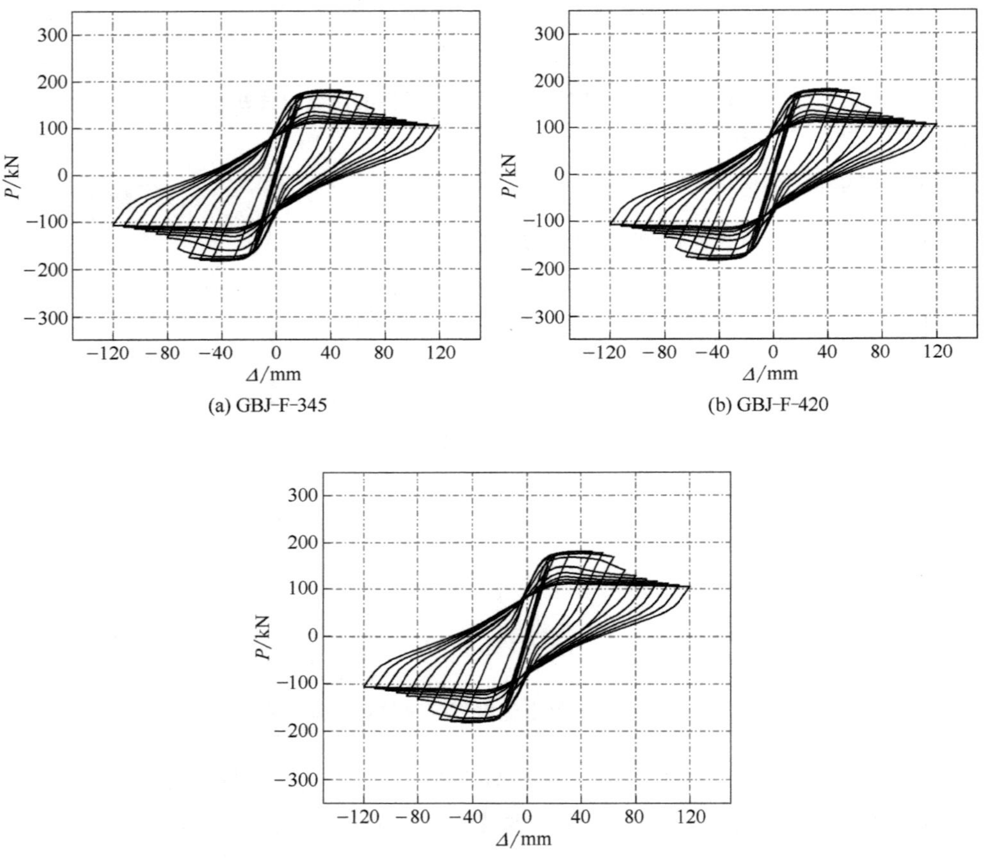

图 5.25 不同钢管强度下各试件的滞回曲线

不同钢管强度下各试件的滞回曲线在形状、饱满度及初始刚度方面均保持基本一致，表现出稳定的耗能性能。对比分析表明，当钢材强度从 Q235 提升至 Q460 时，滞回环面积无明显变化，其主要原因为节点试件的主要应力集中区域为钢梁与外加强环；L 形钢管混凝土柱的自身刚度较大，提高钢管强度对节点试件的抗震性能的影响微弱。

（2）骨架曲线与极限承载力

不同钢管强度下各试件的骨架曲线如图 5.26 所示。

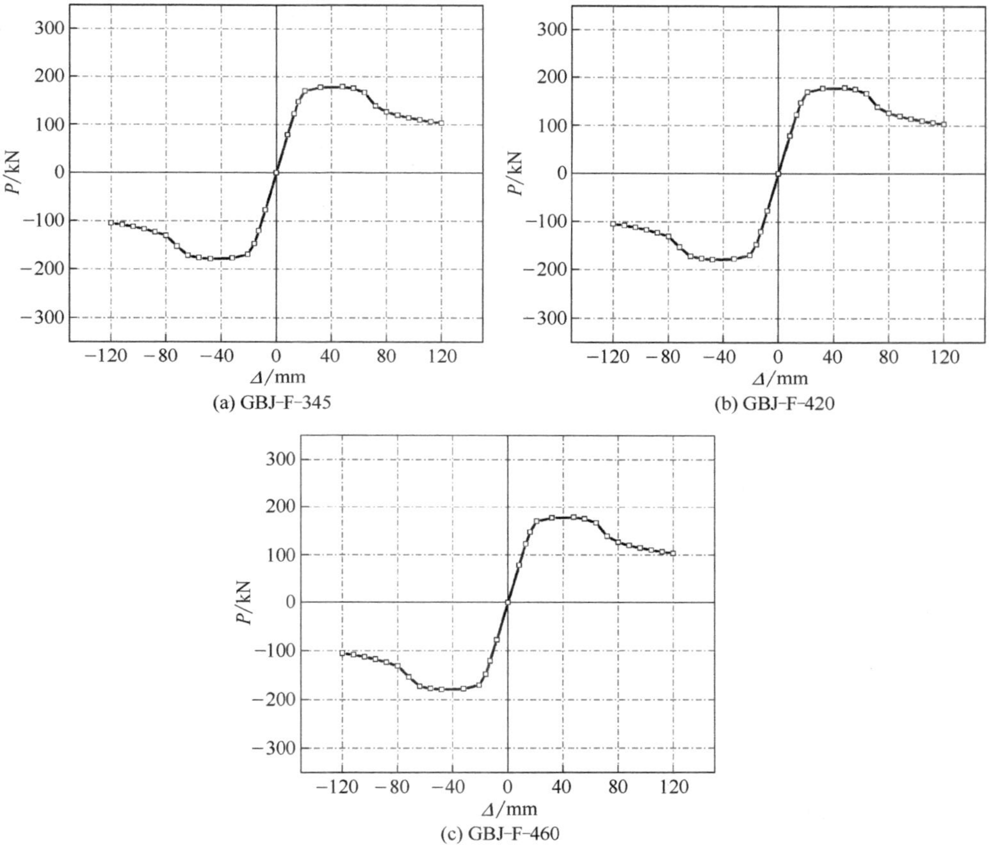

图 5.26　不同钢管强度下各试件的骨架曲线

梁端位移正向加载到 32mm 时，GBJ-1-1 试件荷载值为 177.79kN，GBJ-F-345 试件荷载值为 178.539kN，GBJ-F-420 试件荷载值为 178.538kN，GBJ-F-460 试件荷载值为 178.547kN，各节点试件荷载值相差不大；梁端位移负向加载到 32mm 时，GBJ-1-1 试件荷载值为 177.32kN，GBJ-F-345 试件荷载值为 178.685kN，GBJ-F-420 试件荷载值为 178.701kN，GBJ-F-460 试件荷载值为 178.695kN，GBJ-F-460 试件荷载值比 GBJ-1-1 荷载值仅差 0.51%；在梁端位移达到 48mm 时 GBJ-1-1 试件节点试件到达极限承载力 179.21kN；GBJ-F-345 试件在梁端位移达到 56mm 时到达极限承载力 178.746kN；GBJ-F-420 试件在梁端位移达到 56mm 时到达极限承载力 178.76kN；GBJ-F-460 试件在梁端位移达到 48mm 时到达极限承载力 178.763kN。

由此可见，钢管强度在 Q235～Q460 之间并没有提高试件的承载力。鉴于材料强度提升未显著改善承载性能，建议优先选用经济性更优的 Q235 钢。

(3) 延性性能

不同钢管强度下各节点试件的延性系数如表 5.12 所列。

表 5.12 不同钢管强度下各节点试件的延性系数

试件编号	加载方向	P_y/kN	Δ_y/mm	P_u/kN	Δ_u/mm	μ	μ_a
GBJ-1-1	正向	148.22	16	178.746	48	3.00	3.00
	负向	−147.35	−16	−179.211	−48	3.00	
GBJ-F-345	正向	146.606	16	178.732	48	3.00	3.25
	负向	−145.409	−16	−178.746	−56	3.50	
GBJ-F-420	正向	146.466	16	178.76	56	3.50	3.50
	负向	−145.405	−16	−178.758	−56	3.50	
GBJ-F-460	正向	146.553	16	178.748	48	3.00	3.00
	负向	−145.383	−16	−178.763	−48	3.00	

随着钢管强度的增大，极限位移先增加后不变，延性系数先增加后不变，说明随着钢管强度的提高，节点在强震作用下承受的塑性变形影响不大。GBJ-1-1 与 GBJ-F-345 的平均延性系数相差 0.25。GBJ-F-345 与 GBJ-F-460 的延性系数相差 0.25。

(4) 刚度退化

不同钢管强度下各试件的刚度退化曲线如图 5.27 所示。

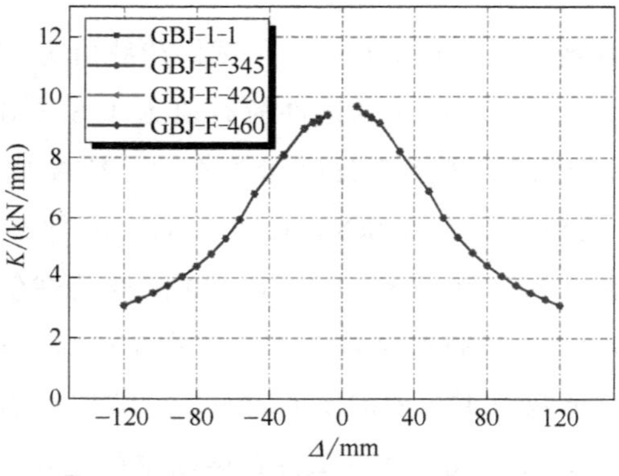

图 5.27 不同钢管强度下各试件的刚度退化曲线

不同钢管参数模型在加载过程中产生一定程度的刚度退化，但退化曲线基本上相似，曲线后期全部趋于平缓且重合。这主要是因为在应力分析中发现，钢管局部区域的应力在峰值点时远小于极限应力，表明钢管在节点加载过程中并未完全发挥材料特性，因此节点刚度对钢管强度等级的变化不敏感。

(5) **耗能能力**

计算得到不同钢梁截面尺寸的各试件模型耗能能力曲线如图 5.28 所示。

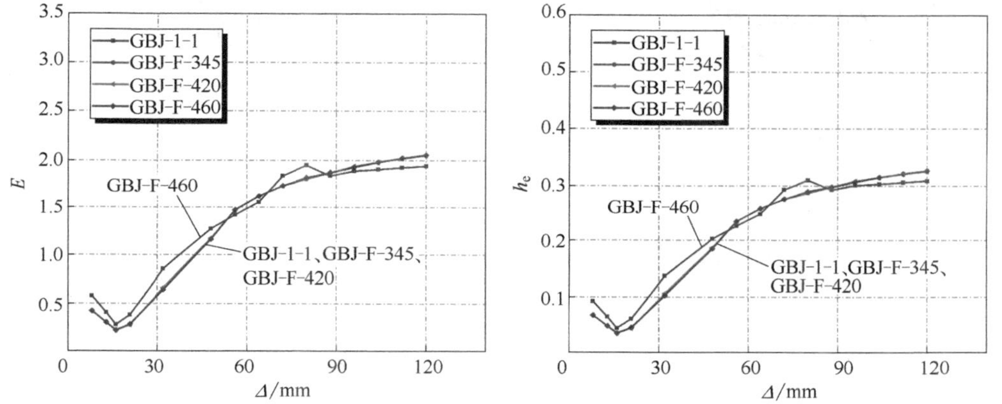

图 5.28　计算得到不同钢梁截面尺寸的各试件模型耗能能力曲线

对于节点的等效黏滞阻尼系数和能量耗散系数，新型节点梁端位移达到 120mm 后，当钢管强度由 Q235 增加至 Q460 时影响不大，相比 GBJ-1-1 试件，GBJ-F-460 试件的 E 和 h_e 的变化量分别为 −5.43%、−5.42%，说明钢管强度的提升对节点耗能能力影响甚小。

5.3.3　钢梁强度

在对节点的应力分析中发现，钢梁应力明显高于其他部件，因此，钢梁强度等级势必会影响节点的力学性能。为了明确其对节点承载力和刚度的影响规律，选取工程中常见的钢梁强度等级进行分析，钢梁强度等级分别取 Q235、Q345、Q420 和 Q460。钢梁强度试件明细如表 5.13 所示。

表 5.13　钢梁强度试件明细

试件编号	GBJ-1-1	GBJ-H-345	GBJ-H-420	GBJ-H-460
钢梁强度	Q235	Q345	Q420	Q460

(1) 滞回曲线

不同钢梁强度下各试件的滞回曲线如图 5.29 所示。

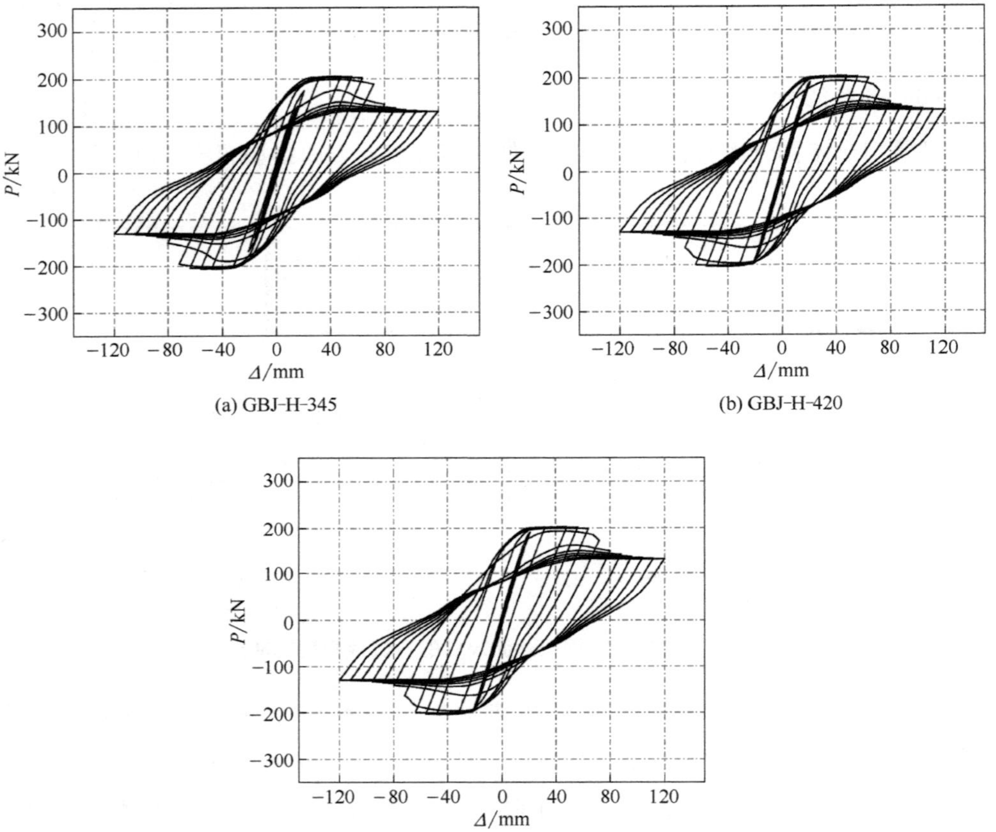

图 5.29 不同钢梁强度下各试件的滞回曲线

随着钢梁强度等级的增大，GBJ-1-1～GBJ-H-460 试件的滞回曲线形状均呈现梭形特征。可以看出钢梁强度在 Q235 至 Q460 范围内提升时对节点的滞回性能影响微弱。加载初期构件滞回环基本为一条直线，此时节点处于弹性阶段，荷载-位移曲线为线性关系。当节点进入弹塑性阶段时，刚度开始退化，且残余应变显著增大，不同钢梁强度试件的滞回曲线发展趋势和 GBJ-1-1 类似。

(2) 骨架曲线与极限承载力

不同钢梁强度下各试件的骨架曲线如图 5.30 所示。

当钢梁强度由 Q235 增加至 Q460 时，各构件承载力分别为 179.211kN、205.772kN、205.711kN 和 206.759kN，GBJ-H-345 试件与 GBJ-1-1 试件相比节点

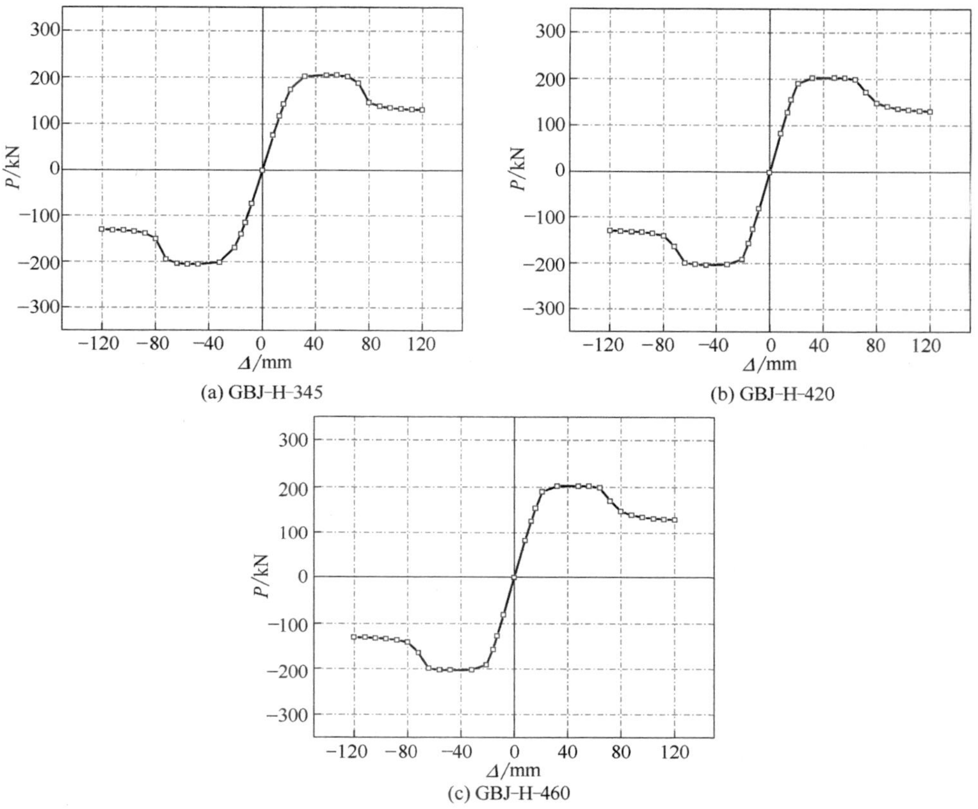

图 5.30　不同钢梁强度下各试件的骨架曲线

梁端承载力有一定程度提升，但继续提升钢梁强度，对节点的承载力并没有明显的提高。

(3) 延性性能

在不同钢梁强度情况下，该新型节点的延性系数如表 5.14 所列。

表 5.14　不同钢梁强度下节点的延性系数

试件编号	加载方向	P_y/kN	Δ_y/mm	P_u/kN	Δ_u/mm	μ	μ_a
GBJ-1-1	正向	148.22	16	178.746	48	3.00	3.00
	负向	−147.35	−16	−179.211	−48	3.00	
GBJ-H-345	正向	146.557	16	205.115	56	3.50	3.50
	负向	−145.372	−16	−205.772	−56	3.50	
GBJ-H-420	正向	146.315	16	205.391	64	4.00	4.00
	负向	−145.361	−16	−205.711	−64	4.00	

续表

试件编号	加载方向	P_y/kN	Δ_y/mm	P_u/kN	Δ_u/mm	μ	μ_a
GBJ-H-460	正向	146.315	16	204.589	48	3.00	3.25
	负向	−145.361	−16	−206.759	−56	3.50	

随着钢梁强度提升，节点延性系数呈先快后慢增长趋势，表明材料塑性变形对其影响显著。与 GBJ-1-1 试件相比，平均延性系数的变化量分别是 16.67%、33.33%、8.33%。说明在低周往复荷载作用下，适当提高钢梁强度等级对延性系数有一定程度的提升。

(4) 刚度退化

不同钢梁强度下各试件的刚度退化曲线如图 5.31 所示。

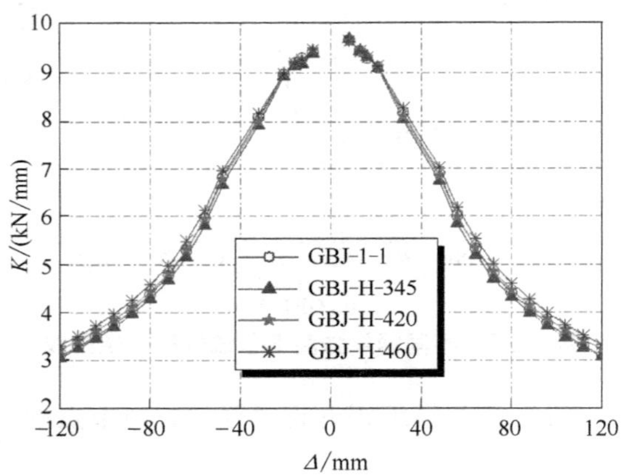

图 5.31 不同钢梁强度下各试件的刚度退化曲线

节点试件的强度退化系数大多位于 3.0～9.6，各试件强度退化程度明显。对不同节点进行对比分析，当钢梁强度由 Q235 增加至 Q460 时，各节点的初始刚度分别为 9.664kN/mm、9.683kN/mm、9.632kN/mm、9.632kN/mm，当梁端位移增大至 120mm 时，GBJ-1-1～GBJ-H-460 的刚度大小分别为 3.08kN/mm、3.064kN/mm、3.225kN/mm、3.309kN/mm，说明随着钢梁强度的增加，对节点刚度的影响不大。

(5) 耗能能力

不同钢梁强度下各试件耗能能力曲线如图 5.32 所示。

当钢梁强度由 Q235 增加至 Q460 时，各试件的耗能能力相差不多；在梁端位

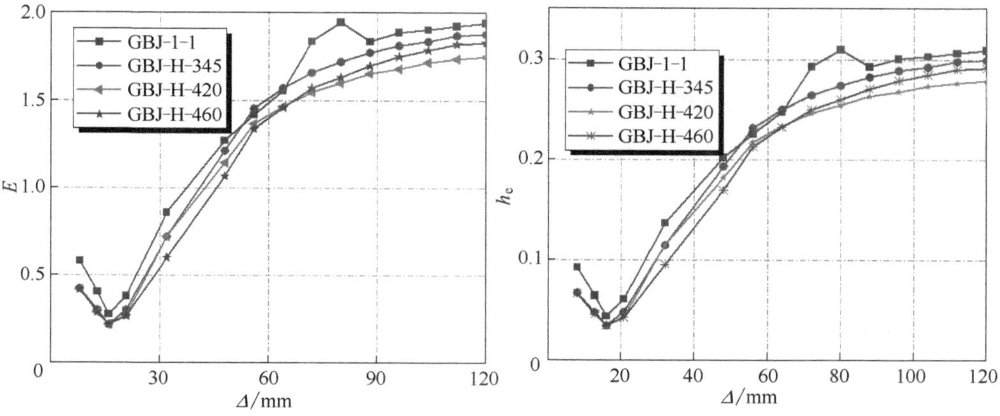

图5.32 不同钢梁强度下各试件耗能能力曲线

移达到120mm时，钢梁强度为Q345的试件的h_e较GBJ-1-1试件降低了8.96%；钢梁强度为Q420的试件在梁端位移达到120mm时，较GBJ-1-1试件降低了15.20%。表明节点试件的耗能能力与钢梁强度比成反比。对各试件的能量耗散情况进行对比分析，选取了梁端位移达到120mm时刻各试件的耗能指标进行对比，钢梁强度由Q235增加至Q460时，节点的E先逐渐减小后逐渐增大。相比GBJ-1-1试件，GBJ-H-345～GBJ-H-460试件的E的变化量分别为−8.96%、−6.85%、4.54%，提升钢梁强度对节点耗能能力影响不大。

5.4 本章小结

为研究新型盖板式外加强环L形钢管混凝土柱-钢梁节点，本章共设计7类不同参数节点试件，通过ABAQUS建立有限元模型，系统研究外包钢管厚度、外加强环厚度、钢梁型号、外加强环长厚比、混凝土强度、钢管强度及钢梁强度等参数对节点抗震性能的影响规律。主要结论与建议如下。

① 当外包钢管厚度在6～12mm变化时，其厚度增加对节点的应变模式、刚度和延性性能影响较小，但可提升约15.20%以上的承载力，并对耗能能力有一定程度提升。建议实际工程中综合考虑成本效益，将外包钢管厚度控制在≤8mm。

② 外加强环厚度在12～18mm变化时，厚度增加使得钢梁高应力区增大，钢梁容易发生屈曲破坏，所以外加强环厚度不宜过大。同时厚度增加至12mm后对节点承载力与刚度有明显提升。但对延性性能影响不明显。建议工程应用中将加强环厚度优化为6～10mm。

③ 当钢梁型号由窄翼缘变化到宽翼缘时，钢梁型号的改变对于外加强环 L 形钢管混凝土柱-钢梁节点的应变模式与抗震性能的影响较大，表明对于此节点若是做抗震设计时，应首先考虑适当的钢梁型号作为节点的核心耗能部件。采用中翼缘钢梁型号，既使材料强度充分发挥，也实现了“强节点、弱构件”的抗震要求。

④ 当外加强环长厚比在 12～20 变化时，随着外加强环外升长度的增加，可以外移节点区塑性铰位置，但是对节点的承载力、延性性能、耗能性能等抗震性能变化不大，因此建议外加强环长厚比控制在 12～14 为宜。

⑤ 当核心混凝土强度等级在 C45～C70 变化时，节点的滞回曲线、承载力、刚度和耗能能力均与混凝土强度等级影响不大，仅节点的延性能力出现了较小幅度的下降，由此建议在抗震设计中，可以优先使 C30～C45 等级的混凝土。当钢管与钢梁强度等级在 Q235～Q460 变化时，节点具有与基准试件相似的滞回曲线、骨架曲线等。因此对于节点抗震性能影响均不大，由此建议在抗震设计中不优先考虑改变钢管、外加强环的强度。

参考文献

[1] 中华人民共和国建设部，中华人民共和国国家质量监督检验检疫总局. 冷弯薄壁型钢结构技术规范：GB 50018—2002 [S]. 北京：中国计划出版社，2002.

[2] 中华人民共和国国家质量监督检验检疫总局，中国国家标准化管理委员会. 热轧 H 型钢和部分 T 型钢：GB/T 11263—2017 [S]. 北京：中国标准出版社，2017.

[3] 中华人民共和国住房和城乡建设部. 混凝土结构设计规范：GB 50010—2010（2015 年版）[S]. 北京：中国建筑工业出版社，2015.

[4] 中华人民共和国住房和城乡建设部. 钢结构设计标准：GB 50017—2017 [S]. 北京：中国建筑工业出版社，2017.

第6章 盖板式外加强环节点的承载力计算方法

6.1 引言

盖板式外加强环节点在前期的滞回试验与参数化扫描中已充分展现其“强节点、弱构件”的优势：塑性铰稳定外移，核心区保持弹性，滞回环饱满而捏缩微弱。然而，工程实践并不满足于现象的罗列，而需要将这种优势转化为可校核、可设计、可审图的量化语言。现行规范对异形钢管混凝土节点的承载力条文仍显粗疏，特别是针对盖板-外加强环-钢梁三者协同工作的极限状态尚无统一算法。设计人员只能凭经验放大截面或盲目加厚钢板，既造成材料冗余，又可能因局部失稳而埋下隐患。因此，有必要在既有模拟成果的基础上，提炼出能够同时反映破坏机理与构造参数的闭合公式，为后续施工图审查与标准修订提供可直接引用的技术依据。

为实现这个目标，本章首先回溯了节点在低周往复荷载下的全过程应力演化：梁端弯矩通过翼缘拉压转换为对外加强环的集中力，外加强环再将拉力扩散至钢管柱壁，核心区混凝土在三向约束下形成斜压杆传力机制。盖板的存在使焊缝由传统角焊缝的撕裂模式转变为盖板面内的剪切滑移，极大延缓了脆性断裂。基于这个物理图景，研究将复杂三维应力场解耦为柱壁屈服、翼缘局部屈曲、腹板剪切破坏及螺栓群受剪四种典型失效模式，并分别引入屈服线理论与斜压杆模型，推导出对应极限承载力的解析表达式。每个模式均与前期有限元的应力云图、塑性发展路径及破坏瞬间的应变峰值进行比对，确保理论假设与数值真实一致。

公式体系建立后，核心任务在于验证其工程适用性。研究选取了涵盖不同几何与材料区间的典型节点作为校核样本，将理论计算结果与有限元极限承载力进行误差比对，并进一步通过构造敏感性分析明确各参数的安全裕度。结果表明，所有样本的理论值均落在模拟结果的合理波动区间内，最大偏差控制在工程允许范围，验证了推导过程的稳健性。更关键的是，公式以显式形式给出了外加强环厚度、盖板长度、钢梁截面及材料强度等关键变量的权重系数，使设计师能够在满足抗震性能的前提下，快速完成多方案比选，从而真正实现“性能驱动、经济优化”的装配式钢结构住宅节点设计。

6.2 节点抗弯承载力计算

在计算节点的刚度和抗弯承载力之前，应分析其失效模式。盖板式外加强环L形钢管混凝土柱-钢梁节点发生破坏的位置始终位于梁端，破坏模式为在工字钢梁上产生塑性铰。在梁端加载过程中，节点受到弯矩和剪力两种荷载共同作用。其中，剪力通过钢梁腹板传递，而弯矩转换为对梁翼缘部位的拉压力。

樊军超等[1]考虑节点可能出现的破坏模式，基于叠加原理提出了节点抗弯承载力的计算方法，陈扬博等[2]根据节点的不同破坏模式计算对应的节点抗弯承载力。通过叠加原理对盖板式外加强环节点的L形钢管壁屈服时的节点抗弯承载力进行了分析。

6.2.1 钢管柱壁屈服

钢管柱壁屈服会对构件承载力产生不可忽视的影响，根据方钢管壁承载力屈服线理论计算方法[3]，按照虚功原理公式得到式（6.1），从而得到L形钢管柱壁屈服时的节点抗弯承载力，如式（6.2）、式（6.3）所示。

$$P_z\delta=(4x+2t_h)\frac{M_p\delta}{B_1}+\frac{4B_cM_p\delta}{x} \tag{6.1}$$

$$M_z=D_zP_zh_b \tag{6.2}$$

$$M_p=\frac{f_{yz}t_z^2}{4} \tag{6.3}$$

式中，M_p 为钢管柱壁的单位长度屈服弯矩；f_{yz} 为钢管柱壁钢材屈服强度；t_z 为钢管柱壁壁厚；δ 为虚位移；P_z 为外加强环传递到钢管柱壁的拉力；x 为未知数，其值由$\partial P_z/\partial x=0$ 确定，可得 $x=\sqrt{B_1B_c/2}$；M_z 为钢管柱壁屈服时的节点抗弯承载力；h_b 为钢梁高度；t_h 为外加强环厚度；B_c 为柱截面宽度；B_1 为钢管柱壁最大应力分布范围边界到柱边的距离；D_z 为 L 形钢管相对方钢管的截面形状系数。

L 形钢管的惯性矩可以通过分解成两个矩形部分来计算，通常需要考虑两部分的惯性矩和它们相对形心的平行轴定理，得到如下公式。

$$I_L=\frac{ab^3}{12}+\frac{a^3b}{12}-y_p \tag{6.4}$$

式中，I_L 为 L 形钢管的惯性矩；a、b 分别为 L 形钢管的两边长；y_p 为修正因子。

考虑位置偏移，这里因为为轴心受压，所以 y_p 取 0，则截面形状系数可以表示为

$$W_L=\frac{I_L}{y_L} \tag{6.5}$$

式中，y_L 为最远点到形心的距离，因此 L 形钢管相对方钢管的截面形状系数取 0.6。

6.2.2　钢梁受压翼缘失稳验算

根据钢结构理论，如果允许梁截面上出现塑性铰并有一定的转动能力时，钢梁翼缘的应变发展较大，根据《钢结构设计标准》(GB 50017—2017)[4]，对翼缘板件的宽厚比应满足

$$\frac{b_{f1}}{t_f}\leqslant 9\sqrt{\frac{f_{fy}}{235}} \tag{6.6}$$

式中，b_{f1} 为钢梁一侧翼缘外伸宽度；t_f 为钢梁翼缘厚度；f_{fy} 为钢梁翼缘钢材屈服强度。

经计算，梁翼缘宽厚比为 7.636，满足规范要求。

6.2.3　钢梁腹板受剪局部失稳验算

根据《钢结构设计标准》(GB 50017—2017)[4] 和钢结构设计理论，为确保钢

梁腹板在边缘屈服前不发生局部屈曲，腹板的高度比应满足以下限值要求。

$$\frac{h_w}{t_w} \leqslant 65\sqrt{\frac{f_{wy}}{235}} \tag{6.7}$$

式中，h_w 为钢梁腹板高度；t_w 为钢梁腹板厚度；f_{wy} 为钢梁腹板钢材屈服强度。

经计算，梁腹板宽厚比为 31.71，满足设计要求。

6.2.4　钢梁腹板强度验算

根据《钢结构设计标准》（GB 50017—2017）[4]，未设支承加劲肋的钢梁受集中荷载时，腹板计算高度上边缘承压强度应满足

$$\sigma_c = \frac{F}{t_w l_z} \leqslant f \tag{6.8}$$

式中，σ_c 为腹板边缘压应力，MPa；F 为集中荷载；f 为腹板钢材抗压强度设计值，MPa；l_z 为集中荷载在腹板计算高度上边缘的假定分布长度，$l_z = a + 5t_f$；a 为集中荷载沿梁跨度方向的支承长度；t_f 为钢梁翼缘厚度。

经计算，腹板计算高度边缘承压强度满足要求。

在钢梁腹板边缘，若应力状态较复杂，同时存在较大的正应力、剪应力和局部压应力，根据《钢结构设计标准》（GB 50017—2017）[4]，应满足

$$\sqrt{\sigma^2 + \sigma_c^2 - \sigma\sigma_c + 3\tau^2} \leqslant f \tag{6.9}$$

式中，σ、τ 和 σ_c 分别为腹板计算高度边缘同一点上的正应力、剪应力和局部压应力，$\sigma = \frac{M}{I_n} y_w$，$\tau = \frac{VS}{I_n t_w} f_v$，$\sigma_c$ 按照式（6.10）计算，MPa；I_n 为梁净截面惯性矩；y_w 为腹板边缘至梁中和轴的距离；V 为腹板所受剪力；S 为计算剪应力处以上（或以下）毛截面对中和轴的面积矩；f_v 为腹板钢材抗剪强度设计值；f 为腹板钢材强度设计值，MPa。

经计算，满足式（6.9）的要求。

6.3　钢梁翼缘与外加强环的螺栓连接破坏

为了分析螺栓连接破坏时节点的承载力，根据钢结构高强螺栓连接规范[5]，

高强螺栓的受剪承载力设计值的计算方法，计算高强螺栓群的受剪承载力类型，新型节点中螺杆与螺栓孔壁右侧应紧密接触，说明节点在达到最大承载力时，节点区域螺栓连接以受剪承压型为主。然后在此基础上对节点区域进行受力分析，计算对应的节点承载力，公式如式（6.10）所示，并按照式（6.11）验算翼缘螺栓孔壁的承压承载力。

$$N_{v1}^{b}=n_{b}n_{v}\frac{\pi d^{2}}{4}f_{v}^{b} \tag{6.10}$$

$$N_{c}^{b}=n_{b}d_{c}\sum t_{f}f_{c}^{b} \tag{6.11}$$

式中，N_{v1}^{b} 为螺栓抗剪承载力；N_{c}^{b} 为螺栓孔壁承压承载力；n_{b} 为高强螺栓数量；n_{v} 为螺栓受剪面数目；d 为螺栓直径；d_{c} 为螺栓孔直径；t_{f} 为连接板厚度；f_{v}^{b} 为高强螺栓抗剪强度设计值；f_{c}^{b} 为高强螺栓抗压强度设计值。

考虑螺栓群承载力为摩擦型受剪承载力的情况下，节点螺栓连接未发生滑移时，弯矩产生的外力通过钢梁翼缘传递到节点区域，节点区域的钢梁翼缘和外加强环通过摩擦型高强螺栓群连接共同抵抗外力，如下所示。

$$\begin{cases}F_{R}=F_{fR}+F_{hR}=F_{P}\\F_{fR}=N_{b1}=F_{hR}\\N_{b1}=N_{b}=F_{hR}\\N_{b}=\beta N_{v1}^{b}\\F_{hR}\leqslant N_{h}\end{cases} \tag{6.12}$$

式中，F_{R} 为节点区域钢梁翼缘外加强环处抵抗力；F_{fR} 为钢梁翼缘产生的抵抗力；F_{hR} 为外加强环产生的抵抗力；F_{P} 为弯矩在节点区域产生的外力；N_{b} 为螺栓群的抗拉承载力；N_{v1}^{b} 为螺栓群的抗剪承载力；N_{b1} 为摩擦型高强螺栓群提供的静摩擦力；β 为螺栓群连接力作用系数，这里取 0.6；N_{h} 为加强环板屈服强度。

根据外加强环的抵抗力 F_{hR} 先达到外加强环屈服强度 N_{h}，此时外加强环屈服强度即为节点承载力，钢梁翼缘所受摩擦力达到最大静摩擦力，且钢梁翼缘的抵抗力 F_{fR} 达到翼缘屈服强度 N_{f}，两项共同抵抗外力，组成节点的承载力。因此对应节点弯矩承载力 M_{fb} 为

$$M_{fb}=F_R h_b \tag{6.13}$$

式中，h_b 为钢梁高度。

外加强环的屈服强度为

$$N_h=f_{hy}t_h(d_h-2d_{LS}) \tag{6.14}$$

式中，N_h 为外加强环所受的拉力或压力；f_{hy} 为外加强环钢材屈服强度；t_h 为外加强环厚度；d_h 为外加强环最窄截面宽度；d_{LS} 为外加强环上螺栓孔径。

钢梁翼缘拉压屈服强度为

$$N_f=(d_f-2D_b)t_f f_{fy} \tag{6.15}$$

式中，d_f 为钢梁翼缘宽度；D_b 为螺栓孔径；t_f 为钢梁翼缘厚度；f_{fy} 为钢梁翼缘钢材屈服强度。

计算本节讨论的破坏模式，得到对应弯矩后，可以得到节点抗弯承载力为

$$M_{u,c}=\min\{M_z, M_{fb}\} \tag{6.16}$$

式中，$M_{u,c}$ 为节点抗弯承载力理论计算值，节点需满足钢结构板件稳定验算。

将理论计算结果与有限元模拟值进行对比，如表 6.1 所示，计算结果与模拟值吻合较好。

表 6.1 抗弯承载力理论计算值与模拟值对比

试件编号	$M_{u,c}$/(kN/m)	$M_{u,f}$/(kN/m)	$M_{u,c}/M_{u,f}$
GBJ-1-1	159.498	179.211	0.89
GBJ-A-6	208.833	181.594	1.15
GBJ-A-8	177.317	186.649	0.95
GBJ-A-10	240.055	181.86	1.32
GBJ-A-12	156.615	203.396	0.77
GBJ-B-12	219.250	181.198	1.21
GBJ-B-14	190.655	181.576	1.05
GBJ-B-16	148.740	181.39	0.82
GBJ-B-18	284.841	203.458	1.40

续表

试件编号	$M_{u,c}$/(kN/m)	$M_{u,f}$/(kN/m)	$M_{u,c}/M_{u,f}$
GBJ-C-1	139.851	137.109	1.02
GBJ-C-2	90.318	122.052	0.74
GBJ-C-3	257.677	202.895	1.27
GBJ-C-4	398.262	358.795	1.11
GBJ-D-12	134.367	137.109	0.98
GBJ-D-14	289.633	209.879	1.38
GBJ-D-16	174.490	202.895	0.86
GBJ-D-20	263.534	221.457	1.19
GBJ-E-45	257.061	181.029	1.42
GBJ-E-50	164.735	181.027	0.91
GBJ-E-60	195.528	181.044	1.08
GBJ-E-70	242.659	181.089	1.34
GBJ-F-345	141.209	178.746	0.79
GBJ-F-420	223.450	178.76	1.25
GBJ-F-460	180.551	178.763	1.01
GBJ-G-345	151.875	180.804	0.84
GBJ-G-420	233.260	180.822	1.29
GBJ-G-460	204.260	180.761	1.13

注：$M_{u,f}$ 为节点抗弯承载有限元模拟计算值。

6.4　本章小结

本章基于组件法理论推导了新型盖板式外加强环 L 形钢管混凝土柱-钢梁节点的抗弯承载力计算公式，并通过有限元数值模拟验证理论计算结果的可靠性，进而阐释了不同构造参数对节点性能的提升机理。主要研究成果如下。

① 基于组件法理论，对新型盖板式外加强环L形钢管混凝土柱-钢梁节点的抗弯承载力进行了系统的理论推导与计算分析。通过深入剖析节点在低周往复荷载作用下的受力机理，明确了盖板式外加强环、H型钢梁翼缘、L形钢管柱壁及核心区混凝土等关键构件对节点抗弯承载力的贡献。

② 针对不同破坏模式，如钢管柱壁屈服、钢梁翼缘失稳、腹板受剪破坏以及螺栓连接破坏等，分别建立了相应的承载力计算模型，并提出了基于屈服线理论的钢管柱壁屈服破坏模式计算方法。同时，完成了钢梁腹板强度及翼缘局部稳定性校核，并建立了钢梁翼缘-外加强环螺栓连接破坏模式的力学分析模型，推导得到该失效模式下的节点抗弯承载力表达式。

③ 通过将理论计算结果与有限元模拟结果进行对比，验证了所提出计算方法的准确性和可靠性，误差控制在5%以内。本章的研究成果不仅为盖板式外加强环节点的工程设计和应用提供了理论支撑，也为后续相关规范的制定和完善奠定了基础。

参考文献

[1] 樊军超. 复式钢管混凝土柱-钢梁装配式节点抗震性能研究［D］. 西安：长安大学，2023.

[2] 陈扬博. 钢管混凝土柱-钢梁外加强环螺栓连接节点性能研究［D］. 长沙：中南大学，2022.

[3] 中华人民共和国住房和城乡建设部. 钢结构高强度螺栓连接技术规程［S］. 北京：中国建筑工业出版社，2011.

[4] 中华人民共和国住房和城乡建设部. 钢结构设计标准：GB 50017—2017［S］. 北京：中国建筑工业出版社，2017.

[5] 陈雨，沈祖炎，雷敏，等. T形钢管混凝土短柱轴压试验［J］. 同济大学学报（自然科学版），2016，44（6）：822-829.

第7章 侧板连接十字形钢管混凝土柱-钢梁节点抗震性能分析

7.1 引言

对于框架结构而言，梁柱节点部位应力复杂，是结构受力分析最难的位置。节点设计是整个结构的重中之重，在设计时一定要确保节点强度满足规范要求。同样，钢管混凝土梁柱节点是研究钢管混凝土的一个重要方向，在成熟的节点理论研究基础上，钢管混凝土结构才能在住宅建筑结构中应用更多。由于在荷载传递过程中需考虑钢与混凝土的黏结滑移，造成此类节点受力机理更加复杂。在钢结构住宅体系向绿色、高效、装配式方向加速演进的当下，梁柱节点作为框架体系的核心传力构件，其受力机理、耗能能力与施工便利性已成为制约异形钢管混凝土柱大规模应用的关键瓶颈之一。传统内隔板节点虽传力直接，却存在现场焊接量大、残余应力集中、混凝土浇筑困难等缺陷；外加强环板节点虽可避开柱内作业，却常因环板外凸而影响建筑空间与美观；外肋环板、贯通隔板等改进形式又带来用钢量增加、构造复杂等新问题。面对住宅建筑对“隐柱”与“平整墙面”的严苛需求，如何在确保抗震安全的前提下，实现节点构造的轻量化、装配化和隐形化，成为当前工程界亟待突破的技术难题。为此，本章在前期系统研究盖板式外加强环 L 形节点的基础上，进一步提出了侧板连接十字形钢管混凝土柱-钢梁节点，通过在节点核心区设置侧板来代替内隔板，侧板平贴于节点域，高于工字梁并沿其轴线方向外伸一定距离。该节点焊缝与拉力方向平行，焊缝变形延性大，可避免脆性断裂破坏。外荷载作用下，梁传来的拉压力通过侧板传递到钢管混凝土柱，侧板对节点域加强明显，承担部分梁传递的剪力和弯矩。该节点施工方便，传力明确，与墙平齐，具有较好的建筑效果。侧板连接十字形钢管混凝土柱-钢梁节点如图 7.1 所示。

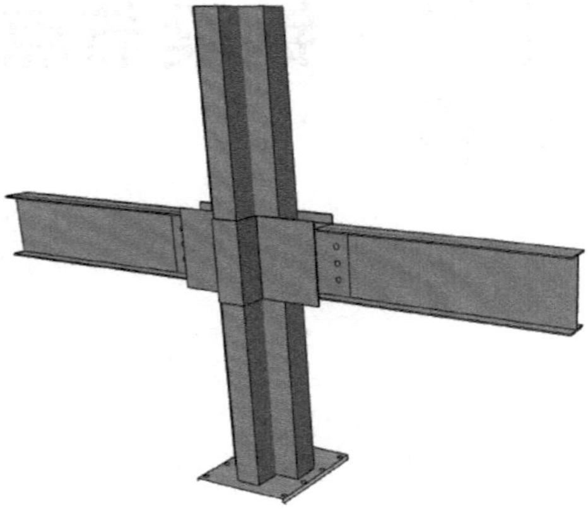

图 7.1 侧板连接十字形钢管混凝土柱-钢梁节点

首先，从受力机理上看，侧板的引入首先改变了传统节点“单一焊缝传力”的脆性模式，将原本集中在柱角焊缝的高应力区通过侧板外伸段向梁端扩散，实现了塑性铰的外移，从而贯彻“强节点、弱构件”的抗震理念。其次，侧板与钢管壁形成封闭钢框，对核心混凝土产生三向约束，显著提高了混凝土的斜压杆承载力，使得节点在往复荷载下的能量耗散更为充分。再次，由于侧板与梁翼缘、柱壁的焊缝方向与拉力方向平行，焊缝处于有利的拉剪复合受力状态，延性变形能力远高于传统环板焊缝的撕裂模式，大幅降低地震作用下的脆断风险。最后，侧板构造简洁，仅通过角焊缝即可与柱壁、梁翼缘可靠连接，现场无须切割钢管、不增加柱截面尺寸，既满足了装配式建筑的工厂预制需求，又保持了室内空间的完整性，为住宅钢结构体系提供了一种兼顾抗震性能与建筑美学的创新节点方案。

为了系统评估该新型节点的抗震性能，采用 ABAQUS 建立了精细化有限元模型，选取典型住宅框架中的跨层边节点为研究对象，设计了 A、B、C 三类共 19 个试件，分别探讨侧板有无、侧板外伸长度、侧板高度、侧板厚度及轴压比等参数对节点滞回特性、承载力、延性、耗能及刚度退化的影响。通过对比分析，验证了侧板在提升节点初始刚度、延缓强度退化、优化破坏模式等方面的显著作用，并基于屈服线理论与斜压杆模型，分别推导了节点极限受弯与受剪承载力计算公式，为后续工程设计及规范修订提供了可靠的理论依据。

7.2　有限元模型的建立

7.2.1　材料的本构模型

建立侧板连接十字形钢管混凝土柱-钢梁节点有限单元模型涉及的材料主要有钢材和混凝土，其本构模型详见第 2 章。

7.2.2　单元选取与网格划分

节点模型由十字形钢管柱、核心混凝土、侧板和钢梁几个部件组成。考虑计算时间和计算的精度，所有部件均采用线性减缩积分单元（C3D8R）。为了模型更好地收敛，各部件设为独立部件，在装配模块下整体切分部件和划分网格，以达到共节点的效果。同时，为了使结果更接近实际情况，对节点附近网格进行了整体加密。节点模型网格划分如图 7.2 所示。

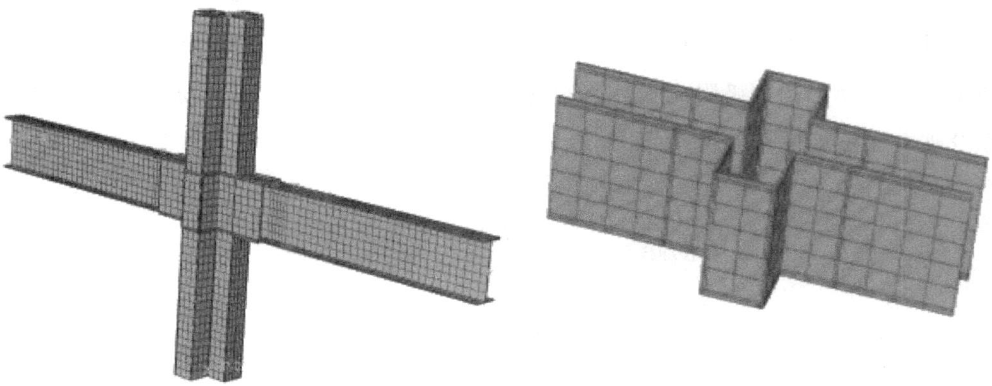

(a) 节点整体　　(b) 侧板

图 7.2　节点模型网格划分

7.2.3　界面模型及接触处理

在 ABAQUS 中，合理定义部件之间的接触是获得精确有限元结果的前提，两个互相接触的部件需要定义接触，程序会先判断部件是否有接触，然后根据设置的接触参数来计算相互作用。侧板连接十字形钢管混凝土柱-工字钢梁的节点核心区侧板、钢管柱和钢梁两两接触，在保证计算精度的前提下，为了加快计算速度，未考虑梁柱及侧板连接处焊缝的作用，将钢管柱、侧板和钢梁视为一个整体，因此在ABAOUS中将这几个部件在ASSEMBLY模块下合并到一起。由于本书中钢管混凝土柱承受的是往复位移加载，且钢管壁较光滑，因此钢管柱和混凝土之间会产生黏结滑移。为了较准确模拟钢管和混凝土之间的黏结滑移特性，本书中钢管与混凝土采用面与面接触，切向行为采用库仑摩擦模型，摩擦系数为0.6[1]。法向行为选择硬接触。

7.2.4 边界条件与加载

首先在ABAQUS中的INTERACTION模块下对柱上下端面、梁左右端面与相应参考点建立耦合作用，再分别对耦合点设置边界条件，柱顶参考点限制了x、y方向的自由度，柱底参考点限制了三个方向的平动，为了避免整体失稳，一同限制了柱底绕x、z轴的转动；左右梁端的参考点仅提供一个竖向支撑力，即限制了z方向的自由度。对于节点拟静力加载一般有梁端加载和柱端加载两种方式，本书选用《建筑抗震试验规程》(JGJ/T 101—2015)[2]推荐的柱端加载方式，在柱顶固定轴压力的作用下，在柱顶参考点施加往复的水平位移，位移增量为5mm，当模型整个截面都达到极限应力或者极限承载力下降到85%以下，加载停止。加载点及加载制度如图7.3所示。

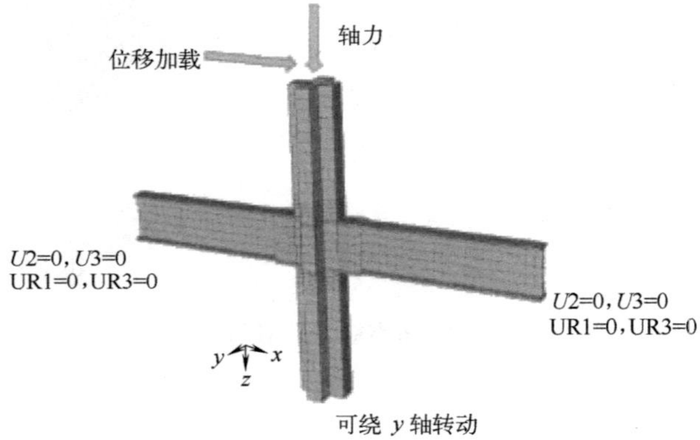

(a) 加载点

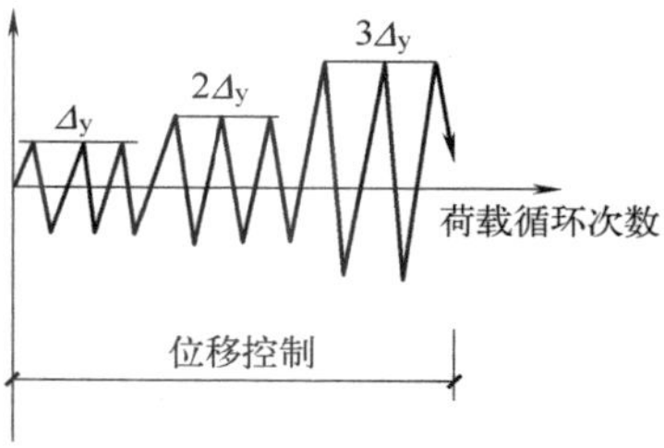

(b) 加载制度

图 7.3　加载点与加载制度

7.2.5　算例分析

为验证有限元模型中材料本构关系、接触相互作用和边界条件等参数设置的合理性，选取许成祥[3] 研究的十字形外加强环板节点 MJ-2 作为验证算例，通过对比有限元计算结果与试验观测的破坏现象，确认了模型设置的可靠性。结果表明，试验中节点破坏表现为核心区钢管混凝土柱焊缝的开裂，核心混凝土被压碎，斜向开裂；有限元结果为核心区的钢管鼓曲，核心混凝土应力呈斜向分布。对有限元模拟曲线和试验曲线进行对比，结果表明拟曲线与试验曲线规律基本一致，验证了本书中有限元各参数设置的合理性。试验结果与有限元分析结果对比如图 7.4 所示。

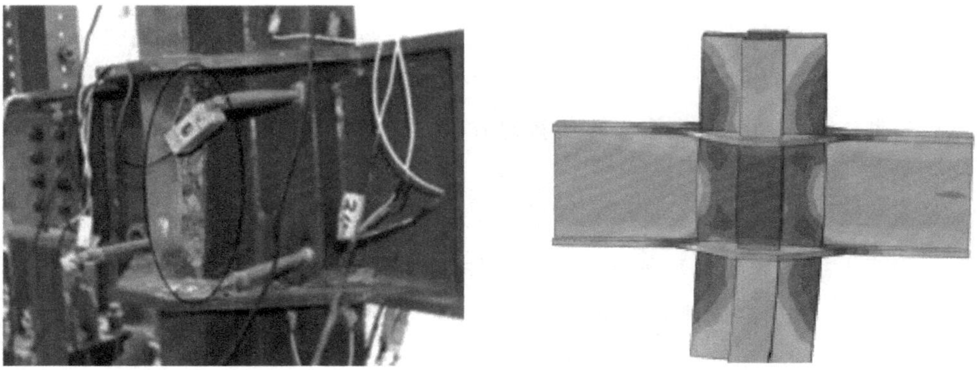

(a) 试验破坏现象　　(b) 有限元模拟破坏现象

图 7.4

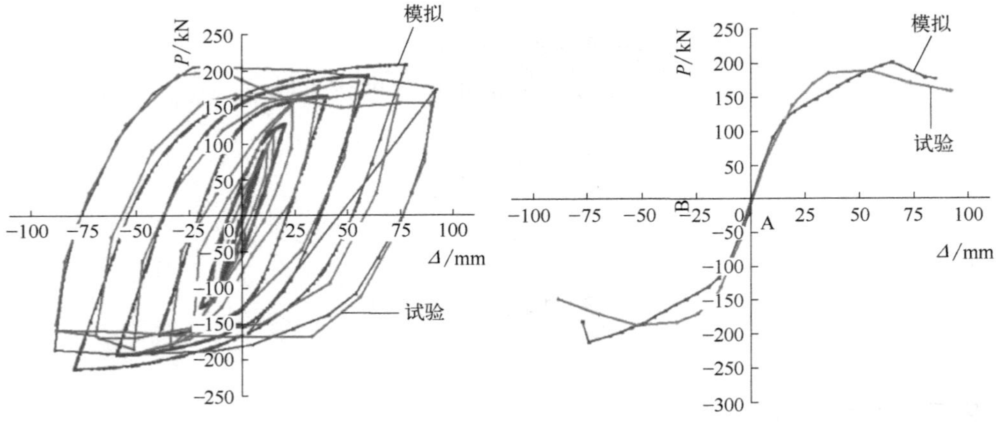

(c) 滞回曲线　　(d) 骨架曲线

图 7.4　试验结果与有限元分析结果对比

7.3　抗震性能分析

侧板连接钢管混凝土柱-工字钢梁节点作为一种新型的节点形式，构造简单、传力明确。在外荷载作用下，侧板能够增强节点核心区的抗弯和抗剪能力，为了探明该节点形式的破坏模式和传力机理，明确侧板在荷载传递中的作用，设计了三类线刚度比不同的侧板连接十字形钢管混凝土柱-钢梁节点，分别为 A 型、B 型和 C 型，其中 A 型为按照“强节点、弱构件”设计原则设计的模型，B 型和 C 型为弱节点模型，分别用于研究侧板连接新型节点的抗弯和抗剪承载力。

7.3.1　节点设计

围绕十字形节点展开研究，节点试件左右梁与上下柱反弯点取，参照实际工程，按 1∶2 的比例设计节点模型，试件节点选取如图 7.5 所示。

为了研究侧板的存在对该节点的影响，分别设计了三类线刚度比不同的节点，记为 A、B 和 C 三种类型节点，A 型为按照“强节点、弱构件”设计原则设计的模型；B 型和 C 型为弱节点模型，分别用于研究侧板连接新型节点的抗弯和抗剪承载力。需要指出的是，与钢梁连接的柱肢为腹板肢，未与钢梁相连的另一肢为翼缘肢。A 型、B 型和 C 型三类节点柱高和梁长均相同，柱高为 1600mm，梁长为

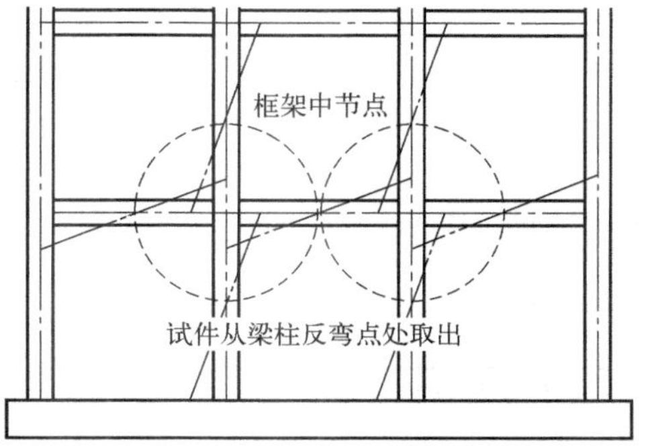

图 7.5　试件节点选取示意

1150mm，内填 C40 混凝土，节点模型均采用 Q235 钢材，试件节点剖面图如图 7.6 所示。

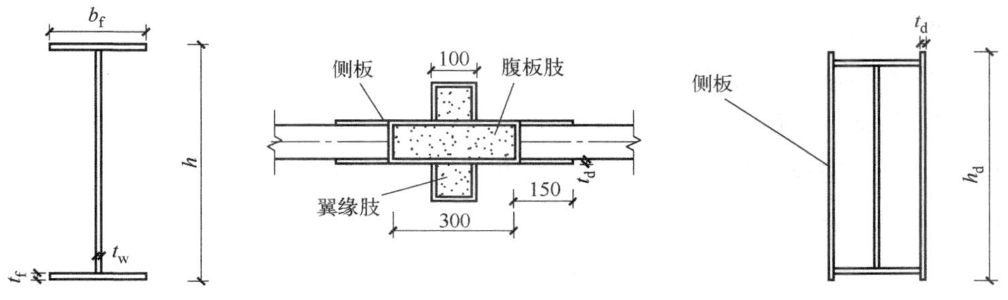

图 7.6　试件节点剖面图

b_f—翼缘宽度；h—截面高度；t_w—腹板厚度；t_f—翼缘厚度；h_d—侧板高度；t_d—侧板厚度

A 型节点梁柱线刚度比为 2.11，包括 JDA1～JDA5 节点模型，其中 JDA1 是基准构件，侧板长度为 150mm；JDA2 保持其余参数不变，未设置侧板；JDA3、JDA4 和 JDA5 保持其余参数不变，改变了侧板外伸长度，侧板外伸长度分别为 100mm、200mm 和 300mm。A 型节点模型几何尺寸参数详见表 7.1。

表 7.1　A 型节点模型几何尺寸参数

试件编号	柱截面尺寸	框架梁尺寸	轴压比	有无侧板	侧板外伸长度/mm
JDA1	腹板肢：300mm×100mm×4mm 翼缘肢：100mm×100mm×4mm	250mm×100mm×4mm×6mm	0.3	有	150
JDA2				无	—

续表

试件编号	柱截面尺寸	框架梁尺寸	轴压比	有无侧板	侧板外伸长度/mm
JDA3	腹板肢： 300mm×100mm×4mm 翼缘肢： 100mm×100mm×4mm	250mm×100mm× 4mm×6mm	0.3	有	100
JDA4				有	200
JDA5				有	300

注：300mm×100mm×4mm 代表腹板肢截面尺寸为 300mm×100mm，4mm 为腹板肢钢板厚度；100mm×100mm×4mm 代表翼缘肢截面尺寸为 100mm×100mm，4mm 为翼缘肢钢板厚度 250mm×100mm×4mm×6mm，250mm 为截面高度，100mm 为翼缘宽度，4mm 为腹板厚度，6mm 为翼缘厚度。

B 型节点梁柱线刚度比为 1.68，围绕新型节点抗弯问题展开研究，在 A 型节点的基础上改变了梁截面尺寸，增加了梁的抗弯刚度，以保证新型节点破坏发生在梁柱连接节点区域。B 型节点包括 JDB1～JDB9 九个节点模型，其中 JDB1 是基准构件，轴压比为 0.3，侧板高度为 266mm，侧板厚度为 4mm；JDB2 保持其余参数不变，未设置侧板；JDB3 保持其余参数不变，未设置侧板，未填充混凝土；保持其余参数不变，JDB4 和 JDB5 轴压比分别为 0.2 和 0.4；保持其余参数不变，JDB6 和 JDB7 侧板高度分别为 286mm 和 306mm；保持其余参数不变，JDB8 和 JDB9 侧板厚度分别为 5mm 和 6mm。B 型节点模型几何尺寸参数详见表 7.2。

表 7.2 B 型节点模型几何尺寸参数

试件编号	柱截面尺寸	框架梁尺寸	轴压比	有无侧板	侧板高度/mm	侧板厚度/mm
JDB1	腹板肢： 300mm×100mm×4mm 翼缘肢： 100mm×100mm×4mm	250mm×100mm× 8mm×10mm	0.3	有	266	4
JDB2			0.3	无	—	—
JDB3			0.3	无	—	—
JDB4			0.2	有	266	4
JDB5			0.4	有	266	4
JDB6			0.3	有	286	4
JDB7			0.3	有	306	4
JDB8			0.3	有	266	5
JDB9			0.3	有	266	6

C 型节点梁柱线刚度比为 121，以新型节点抗剪问题为主要研究目的，为保证新型节点发生剪切破坏前梁、柱不发生弯曲破坏，在设计时加厚柱腹板肢翼缘的厚度来增加柱的抗弯刚度，如图 7.6 中阴影部分。增加梁腹板和翼缘的厚度来提升梁的抗弯承载力。C 型节点包括 JDC1～JDC5 五个节点模型，JDC1 是基准构件，轴压比为 0.3，侧板厚度为 4mm；保持其余参数不变，JDC2 和 JDC3 轴压比分别为 0.2 和 0.4；保持其余参数不变，JDC4 和 JDC5 侧板厚度分别为 5mm 和 6mm。C 型节点模型几何尺寸参数详见表 7.3。

表 7.3　C 型节点模型几何尺寸参数

试件编号	柱钢管腹板	框架梁尺寸	轴压比	侧板厚度/mm
JDC1	腹板肢：264mm×4mm×100mm×18mm 翼缘肢：100mm×100mm×4mm	250mm×100mm×10mm×20mm	0.3	4
JDC2			0.2	4
JDC3			0.4	4
JDC4			0.3	5
JDC5			0.3	6

注：264mm×4mm 代表腹板肢腹板长为 264mm，厚度为 4mm；100mm×18mm 代表腹板肢翼缘长为 100mm，厚度为 18mm。

7.3.2　节点模型破坏形状分析

(1) A 型节点模型破坏过程

A 型节点考虑了有无侧板和侧板长度对节点抗震性能的影响，无侧板和有侧板节点模型破坏过程及破坏模式差异较大，有侧板节点模型破坏模式基本相同，故本书针对 JDA1 和 JDA2 破坏过程进行详细描述，JDA3、JDA4 和 JDA5 破坏过程与 JDA1 基本相同，在此不再赘述。

JDA1 模型加载过程 Mises 应力云图如图 7.7 所示。水平位移加载至正向 25.32mm 时（规定与 ABAOUS 中 x 坐标同向为正，反向则为负），梁柱连接部位、侧板、钢梁翼缘开始屈服，此时构件进入屈服阶段，观察模型其余部位均处于弹性阶段。水平位移推至正向 73.97mm 时，达到极限荷载 122.48kN。随着加载的持续进行，侧板外伸钢梁变截面位置处翼缘变形严重，当水平位移加载至正向

108.76mm 时，荷载下降至 104.11kN，承载力下降至极限承载力的 85%，加载结束。

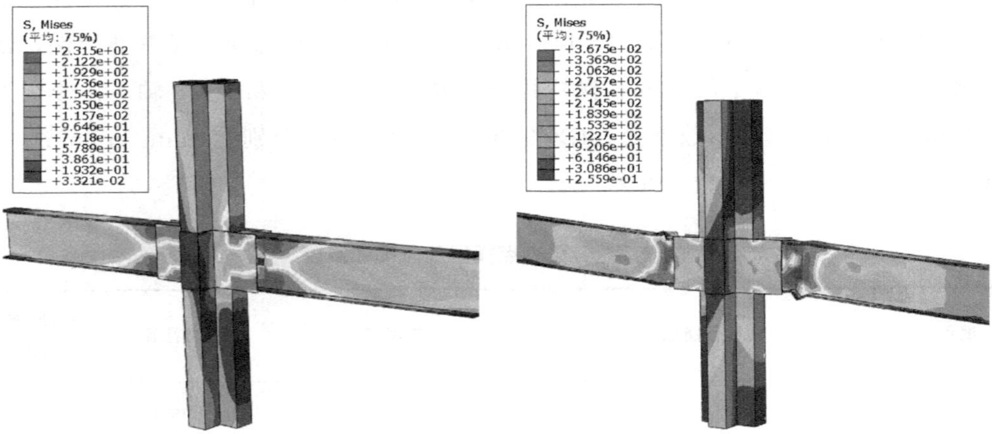

(a) 屈服状态　　(b) 破坏状态

图 7.7　JDA1 模型加载过程 Mises 应力云图

JDA2 模型加载过程 Mises 应力云图如图 7.8 所示。当水平位移加载至负向 39.60mm 时，骨架曲线斜率变化明显，钢梁上下翼缘与钢管柱连接部位达到屈服强度，JDA2 进入屈服阶段，此时其余部件均处于弹性阶段。继续加载，梁柱连接

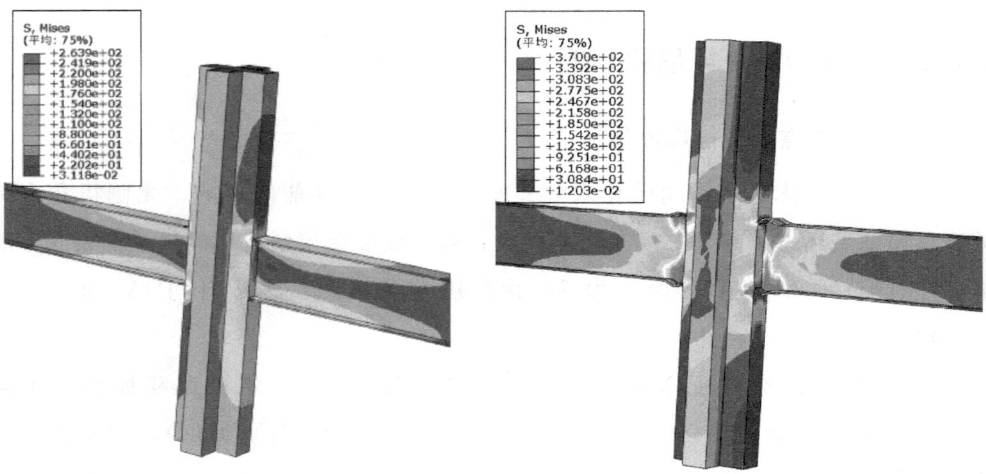

(a) 屈服状态　　(b) 破坏状态

图 7.8　JDA2 模型加载过程 Mises 应力云图

部位的钢梁开始发生屈曲，位移推至正向 97.06mm 时，达到最大荷载 86.14kN。随着水平位移的进一步增加，当水平位移加载至正向 110.23mm 时，荷载下降至 73.32kN，加载结束。

JDA3、JDA4 和 JDA5 模型的破坏现象及特征与 JDA1 模型相似，均为侧板外伸末端处钢梁翼缘先发生屈服，随着位移的进一步加载，变形和承载力逐渐增加，直至在此位置处形成截面塑性铰，节点发生破坏。JDA3、JDA4 和 JDA5 破坏状态下 Mises 应力云图如图 7.9 所示。

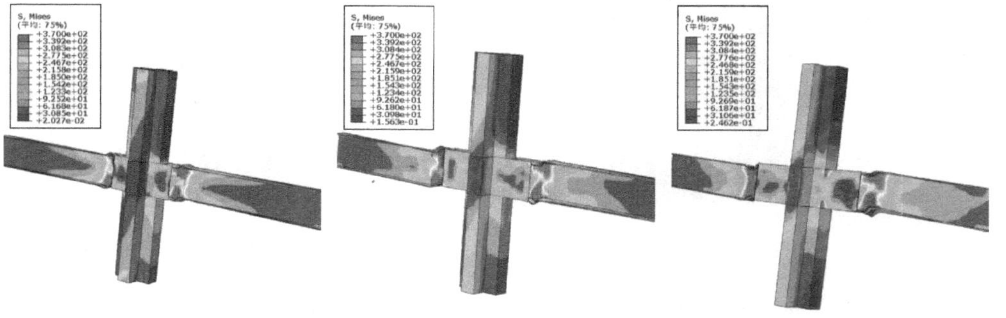

(a) JDA3　　(b) JDA4　　(c)JDA5

图 7.9　JDA3、JDA4 和 JDA5 破坏状态下 Mises 应力云图

(2) A 型节点模型破坏模式分析

观察上述模型破坏现象可以看出，JDA2 无侧板模型破坏位置在钢管柱与钢梁翼缘 连接部位，属于节点核心区的破坏模式。JDA1、JDA3、JDA4 和 JDA5 有侧板模型最终在侧板末端钢梁翼缘处形成塑性铰，属于梁铰破坏，塑性铰远离节点核心区。说明侧板的存在可以使塑性铰外移，通过改变侧板长度，可以控制塑性铰发生的位置。

侧板的有无直接决定了破坏模式的显著差异。对比 JDA1 与 JDA2 在荷载作用下的纵向应力 S11 迹线（图 7.10）可见：无侧板模型 JDA2 依靠钢梁翼缘单向传递弯矩，应力集中于梁柱交接角部；而有侧板模型 JDA1 中，侧板与钢梁翼缘形成协同受力体系，共同分担梁柱间弯矩，有效分散并降低了钢管柱与梁翼缘连接区域的应力峰值，从而显著抑制该部位的脆性破坏风险。

(3) B 型节点模型破坏过程

为了探明节点抗弯性能，B 型节点均为“强构件、弱节点”模型。与 A 型节点相同，本书只对 JDB1 和 JDB2 破坏过程进行详细描述，JDB4～JDB9 模型破坏

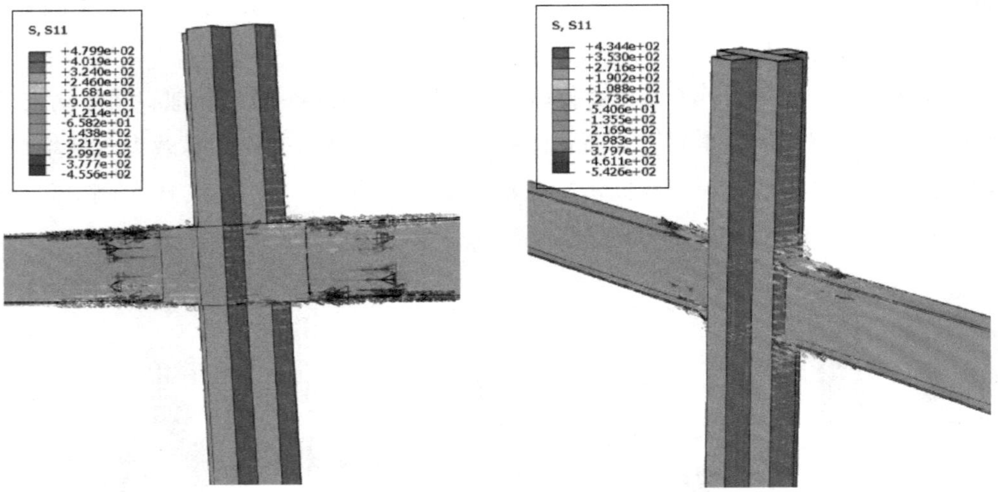

(a) 屈服状态　　(b) 破坏状态

图 7.10　JDA1、JDA2 模型荷载作用下纵向应力 S11 迹线

过程与 JDB1 基本相同，在此不再赘述。

当柱端水平位移加载至负向 31.50mm 时，钢管柱、梁翼缘和侧板三者交接处开始发生屈服，而核心混凝土、钢管柱和钢梁其余部位均处于弹性阶段，随着位移的进一步加载，节点域塑性发展充分。当水平位移继续加载至负向 96.03mm 时，此时节点达到极限状态，极限承载力为 203.57kN。继续加载，承载力开始下降。JDB1 模型加载过程 Mises 应力云图如图 7.11 所示。

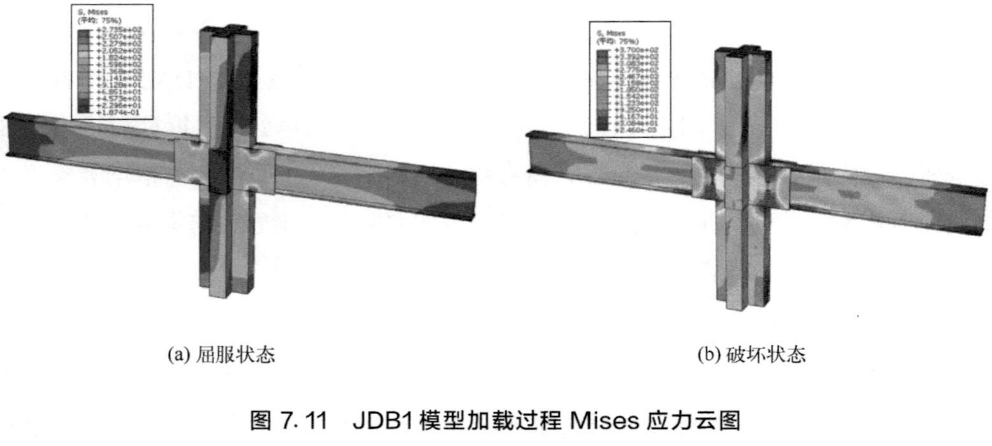

(a) 屈服状态　　(b) 破坏状态

图 7.11　JDB1 模型加载过程 Mises 应力云图

当水平位移推至正向 36.59mm 时，钢梁翼缘与钢管柱连接部位达到屈服强度，柱角部位应力集中最为明显，此时节点其余部件均处于弹性阶段。随着加载的持续进行，梁柱连接部位屈曲更加明显，直至加载至正向 129.91mm 时，节点及靠近节点梁端部位应力均达到极限应力，此时节点达到极限承载力，为 143.31kN。JDB2 模型加载过程 Mises 应力云图如图 7.12 所示。

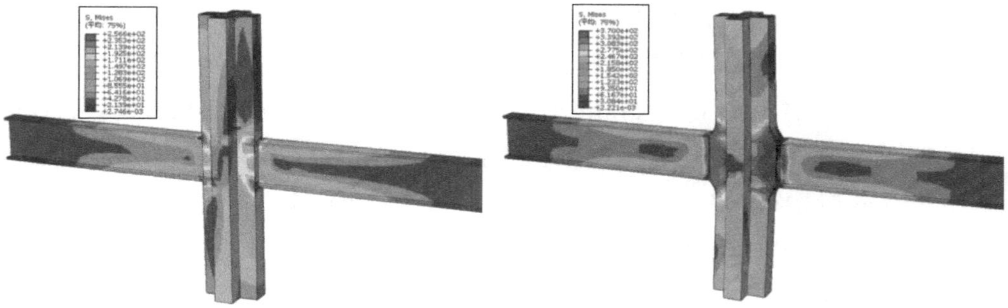

(a) 屈服状态　　(b) 破坏状态

图 7.12　JDB2 模型加载过程 Mises 应力云图

JDB4～JDB9 模型的破坏现象及特征与 JDB1 模型相似，首先梁柱连接部位的柱角出现塑性区域，随着加载位移的增大，塑性铰在柱壁和侧板上逐渐扩展，直至塑性铰贯穿梁柱连接处整个截面，节点破坏，承载力开始下降。JDB1 模型加载过程等效塑性应变（PEEQ）云图如图 7.13 所示。

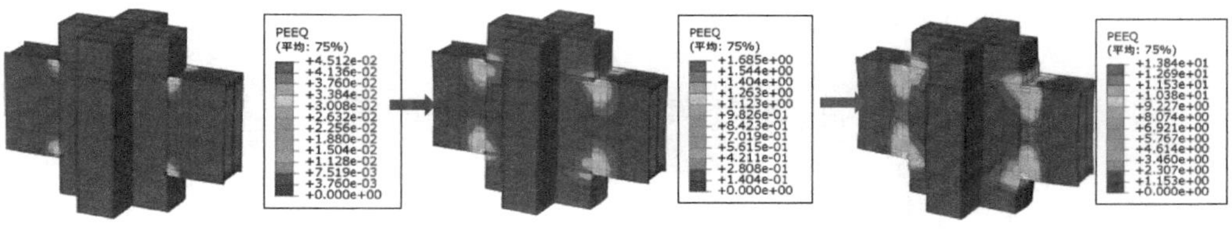

(a) 塑性铰产生　　(b) 充分发展　　(c) 塑性铰贯穿

图 7.13　JDB1 构件加载过程等效塑性应变（PEEQ）云图

(4) B 型节点模型破坏模式分析

由上述有限元结果可以看出，所有节点破坏均发生在梁柱连接部位，其余部位仍处于弹性阶段。JDB2 无侧板节点模型表现为梁柱连接截面梁上下翼缘高度处柱首先屈服，随着位移的进一步加载，在此截面塑性铰贯穿。有侧板节点模型则表现为钢管柱与侧板连接部位首先发生局部屈曲，最终在此截面塑性铰贯穿。有侧板模型和无侧板节点模型破坏模式均为“柱铰破坏”，这是由于在设计节点模型时，增加了梁翼缘的厚度，使有侧板节点模型梁抗弯承载力大于梁柱连接抗弯承载力，为推导有侧板节点模型抗弯承载力公式做铺垫。

(5) C 型节点模型破坏过程

为了探明节点抗剪性能，C 型节点均为弱节点模型。C 型节点破坏模式为核心区的剪切破坏，本书只对此类节点基准模型 JDC1 破坏过程进行详细描述。

当水平位移推至负向 38.44mm 时，侧板及十字形钢管混凝土柱腹板肢腹板达到屈服强度，此时节点其余部件均处于弹性阶段。随着加载的持续进行，加载至负向 95.85mm 时，侧板及十字形钢管混凝土柱腹板肢腹板应力持续增加，直至达到钢材极限强度，此时节点达到极限承载力，为 271.42kN。JDC1 模型加载过程 Mises 应力云图如图 7.14 所示。

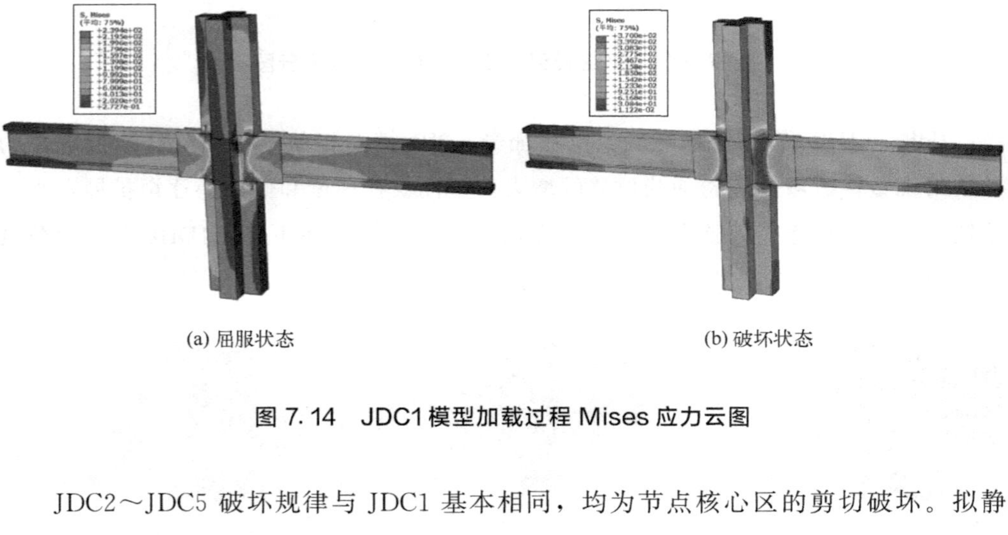

(a) 屈服状态　　(b) 破坏状态

图 7.14　JDC1 模型加载过程 Mises 应力云图

JDC2～JDC5 破坏规律与 JDC1 基本相同，均为节点核心区的剪切破坏。拟静力作用下，节点核心区位置处的侧板及十字形钢管混凝土柱腹板肢腹板首先屈服，随着位移的进一步加载，在此位置处产生塑性铰并贯穿，最终节点丧失承载力。

7.3.3　抗震性能特征分析

(1) 滞回曲线

滞回环通常是指结构在循环往复加载过程中，结构加载点荷载-位移数据所形成的曲线。按照滞回环的饱满程度可将滞回环分为四类[4]，分别是梭形、弓形、反 S 形和 Z 形。

如图 7.15 所示为 A 型节点模型滞回曲线。由图 7.13 可知，A 型节点模型滞回曲线均呈饱满的梭形，JDA2 稍有捏缩，除了 JDA2 外，均为有侧板节点模型。说明有侧板节点延性和耗能能力优于无侧板节点模型，侧板的存在提升了节点的抗震性能。究其原因，是因为有侧板与无侧板节点模型破坏形式不同，无侧板节点破坏发生在梁柱交接处，有侧板节点是“梁铰破坏”机制，梁端塑性铰通过弯曲变形吸收了低周往复荷载作用下的能量，从而提升了节点的整体耗能能力。

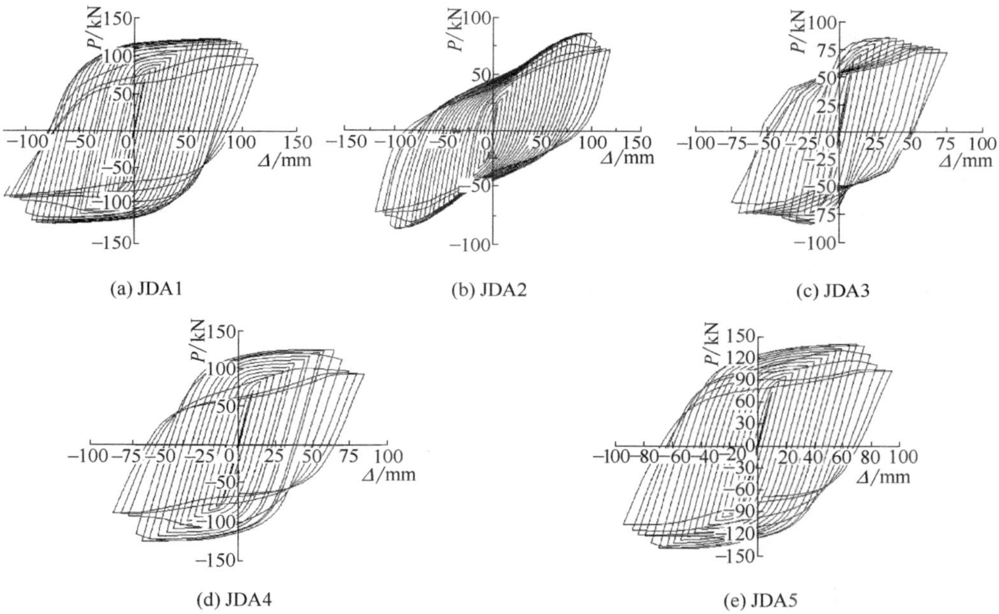

图 7.15　A 型节点模型滞回曲线

通过观察 JDA1、JDA3、JDA4 和 JDA5 滞回曲线发现，它们的滞回规律基本相同，均呈饱满的梭形。其原因是它们均为有侧板节点，破坏模式基本相同。JDA1 滞回最为饱满，JDA3 滞回饱满程度最差，说明侧板长度的改变对有侧板节点耗能能力影响明显，合理设计侧板长度可以优化节点抗震性能。

图 7.16 所示为 B 型节点模型滞回曲线。由图 7.14 可知，与 A 型节点滞回规律类似，B 型节点模型滞回曲线均呈饱满的梭形，JDB2 滞回较有侧板节点模型滞回略有捏缩，这是因为虽然 B 型节点无侧板与有侧板节点模型破坏均发生在梁柱连接部位，但侧板的存在帮助节点吸收和耗散能量，提升了节点的耗能能力。

JDB3 较 JDB1 和 JDB2 更饱满，这是因为 JDB3 无混凝土填充，ABAQUS 并不能正确模拟节点的刚度退化。除 JDB2 和 JDB3 外，有侧板节点模型滞回规律基本相同，但滞回曲线总体倾斜程度略有不同，这是因为随着侧板高度和厚度的增加，节点初始刚度增加。

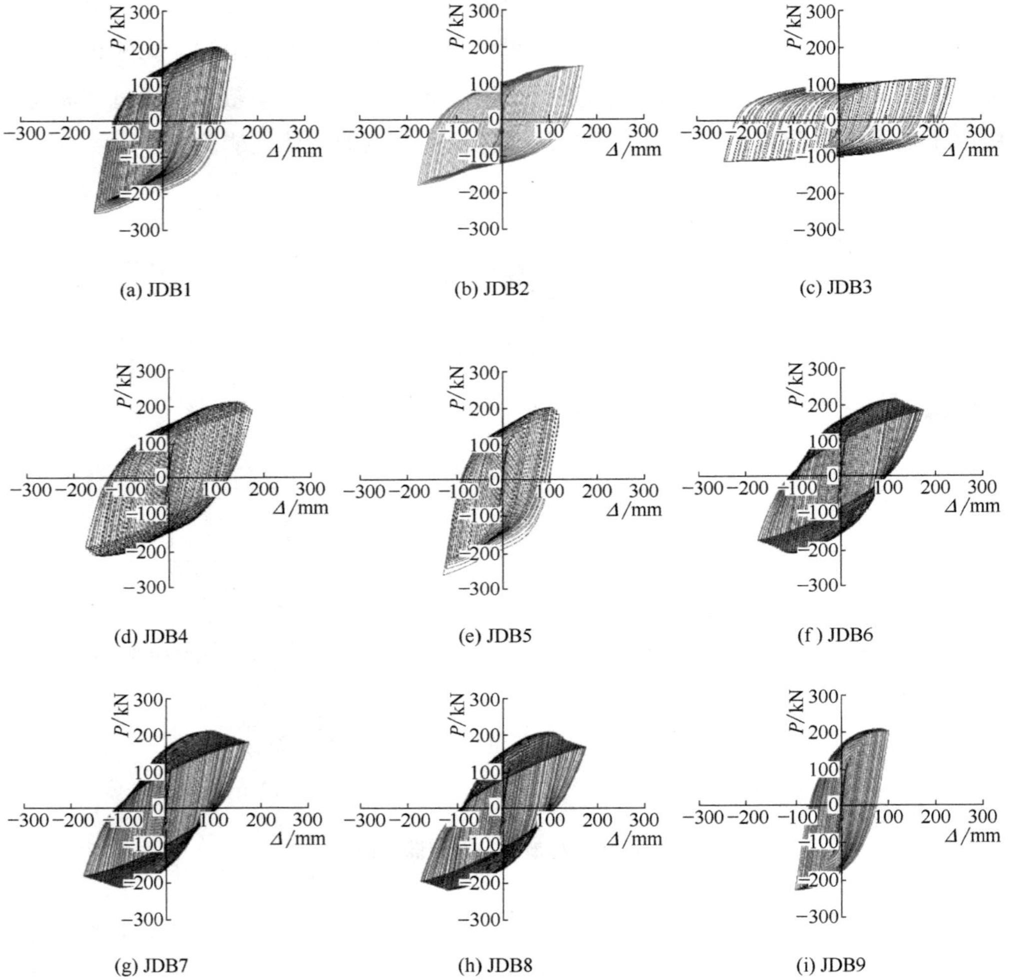

图 7.16　B 型节点模型滞回曲线

图 7.17 所示为 C 型节点模型滞回曲线。C 型节点均是有侧板节点，破坏现象一致，均是节点核心区的剪切破坏，滞回规律基本一致，均为饱满的梭形，说明有侧板节点塑性和耗能能力较好。仅观察滞回环发现，轴压比和侧板厚度对 C 型节点耗能能力影响不大。

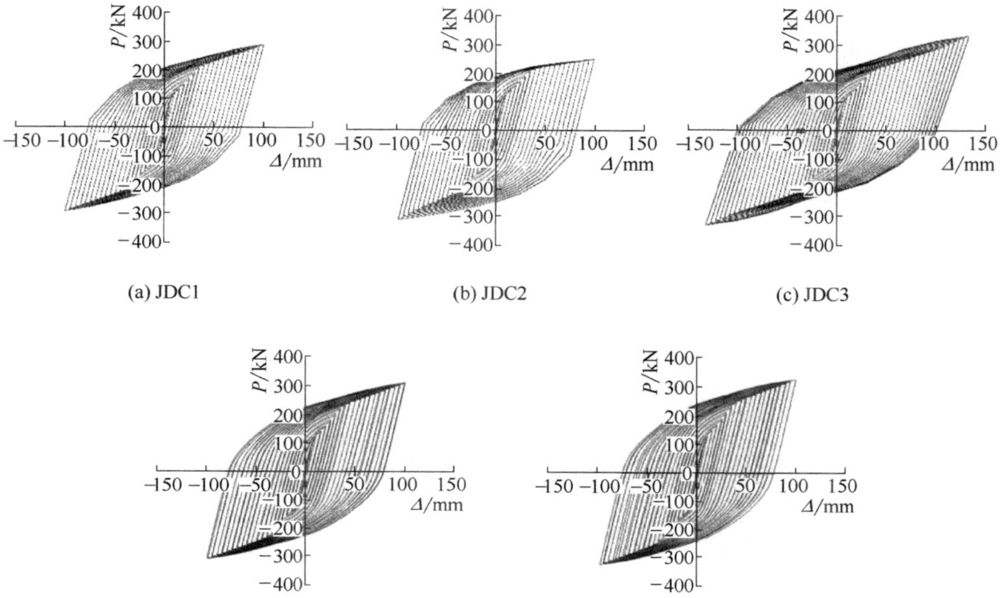

(a) JDC1　(b) JDC2　(c) JDC3

(d) JDC4　(e) JDC5

图 7.17　C 型节点模型滞回曲线

(2) A 型节点骨架曲线分析

在拟静力加载作用下，结构每级循环加载正反方向峰值点的连线称为骨架曲线。A 型节点骨架曲线如图 7.18 所示。

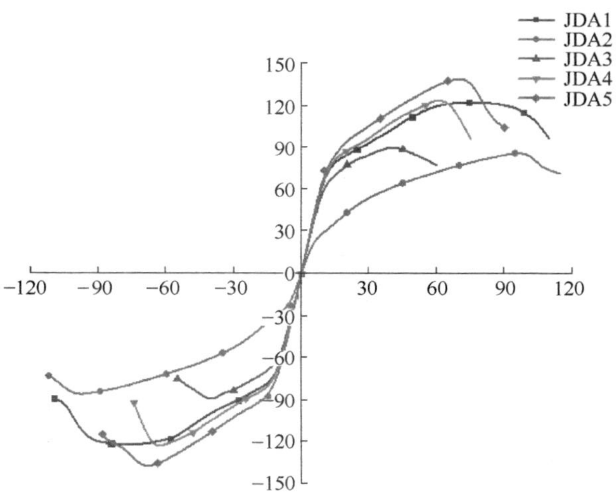

图 7.18　A 型节点骨架曲线

观察A型节点骨架曲线发现，在外荷载作用下，节点模型首先进入弹性阶段，随着加载的进一步增加，节点局部开始发生屈服，进入屈服阶段；继续加载，节点局部达到极限应力，此时整个节点达到极限承载力；再加载，节点承载力开始下降，最终承载力下降至极限承载力的85%，节点模型破坏。总体来说，节点模型经历了屈服、极限和破坏三个阶段[5]，A型节点模型各特征点处的荷载及位移见表7.4。

表7.4 A型节点模型各特征点处的荷载及位移

模型编号	受力方向	屈服状态		极限状态		破坏状态	
		P_y/kN	Δ_y/mm	P_{max}/kN	Δ_{max}/mm	P_u/kN	Δ_u/mm
JDA1	正	89.20	25.32	122.48	73.97	104.11	108.76
	负	−91.00	−27.36	−123.43	−73.32	−104.92	−101.30
JDA2	正	60.88	39.94	86.14	97.06	73.22	110.23
	负	−60.16	−39.60	−86.13	−98.36	−73.21	−110.36
JDA3	正	69.20	14.30	85.18	35.00	72.40	73.46
	负	−69.33	−15.55	−80.87	−33.01	−68.74	−72.55
JDA4	正	91.99	25.21	124.19	64.65	105.56	72.38
	负	−87.35	−22.12	−124.19	−63.66	−105.56	−70.99
JDA5	正	102.29	27.40	140.10	69.56	119.00	81.28
	负	−99.66	−27.18	−138.62	−67.89	−117.83	−88.87

对比JDA1和JDA2，在加载初期，节点处于弹性阶段，JDA1骨架切线的斜率远高于JDA2，JDA1极限承载力较JDA2提升明显，正向极限承载力增加了42.18%。这说明侧板的存在增强了节点的初始刚度，大幅度提高了节点的极限承载力。侧板的存在之所以可以提升节点极限承载力，是因为侧板的存在改变了塑性铰的位置。

对比JDA1、JDA3、JDA4和JDA5，骨架曲线切线斜率由高到低依次为JDA5、JDA4、JDA3、JDA1，JDA3极限承载力与JDA2基本相同，JDA1、JDA4和JDA5极限承载力较JDA2大幅提升，正向极限承载分别增加了

42.18%、44.17%和62.53%。这说明随着侧板长度的增加，节点初始刚度也随之增加；在保证侧板达到一定长度的前提下，极限承载力也随着侧板长度的增加而提升。

侧板长度之所以影响节点极限承载力，是因为随着侧板长度的增加，塑性铰发生在离节点核心区更远的位置。在外荷载作用下，越远离节点核心区，所受弯矩作用越小，所以需要更大的外荷载才能导致更远节点核心区处的梁发生破坏。

(3) B型节点骨架曲线参数分析

JDB1和JDB2骨架曲线如图7.19(a)所示。由图可知：侧板的存在使得有侧板构件骨架曲线斜率大于无侧板构件，节点初始刚度增加，同时由于侧板承担梁端

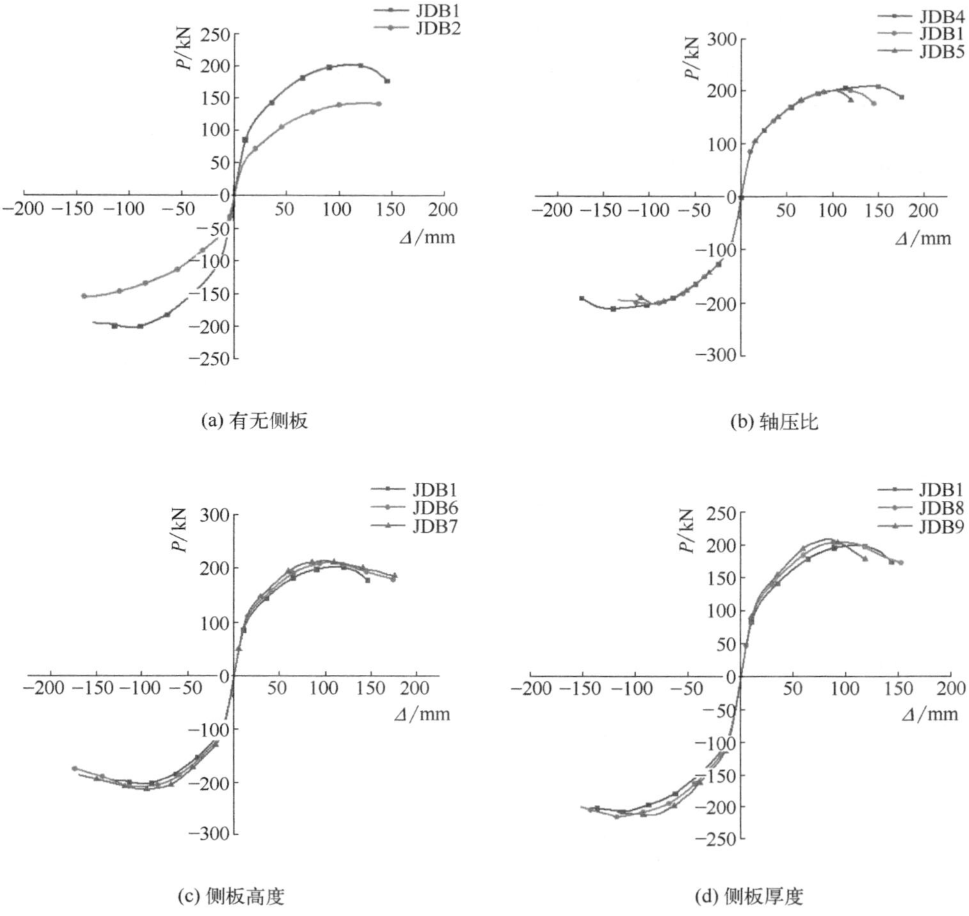

图7.19　B型节点骨架曲线

部分弯矩而使得极限承载力显著提高，从而显著削弱了钢管柱侧壁与梁连接部位的应力集中，增强了节点域的抗弯承能力。

JDB1、JDB4 和 JDB5 骨架曲线如图 7.19（b）所示。由图可知：加载前期各构件骨架曲线基本重合，节点极限承载力随着轴压比增加逐渐降低。由于随着轴向压力的增大，节点构件中钢管混凝土柱的塑性损伤增加，钢管柱腹板肢翼缘变形不能充分发展而吸收能量，故节点的承载力逐渐降低。

JDB1、JDB6 和 JDB7 骨架曲线如图 7.19（c）所示。由图可知：随着侧板高度的增加，骨架曲线斜率增加，节点初始刚度提高，极限承载力增大。

JDB1、JDB8 和 JDB9 骨架曲线如图 7.19（d）所示。由图可知：随着侧板厚度的增加，骨架曲线斜率增加，节点初始刚度提高，极限承载力增大。

B 型节点模型各特征点处的荷载及位移见表 7.5。由于 B 型节点骨架曲线下降段并不明显，未下降至极限承载力的 85%，故破坏状态时的荷载及位移未计算。

表 7.5　B 型节点模型各特征点处的荷载及位移

模型编号	受力方向	屈服状态		极限状态	
		P_y/kN	Δ_y/mm	P_{max}/kN	Δ_{max}/mm
JDB1	正	147.20	37.44	202.04	100.34
	负	−137.18	−31.50	−203.57	−96.03
JDB2	正	95.19	36.59	143.31	129.91
	负	−99.89	−41.95	−155.21	−135.80
JDB13	正	75.13	37.21	113.28	157.03
	负	−74.36	−36.28	−114.36	−154.83
JDB4	正	157.38	43.60	210.70	138.71
	负	−147.20	−38.47	−210.87	−143.23
JDB5	正	143.89	35.84	203.56	94.29
	负	−145.84	−35.81	−202.21	−96.03
JDB6	正	150.96	34.66	211.73	104.57
	负	−152.97	−36.73	−207.98	−103.93

续表

模型编号	受力方向	屈服状态		极限状态	
		P_y/kN	Δ_y/mm	P_{max}/kN	Δ_{max}/mm
JDB7	正	151.81	31.65	215.46	101.20
	负	−152.97	−32.32	−213.75	−101.27
JDB8	正	157.61	37.20	208.12	92.29
	负	−157.61	−38.85	−220.15	−118.01
JDB9	正	159.59	35.84	213.38	84.51
	负	−157.61	−36.48	−217.74	−85.36

(4) C 型节点骨架曲线参数分析

JDC1、JDC2 和 JDC3 骨架曲线如图 7.20（a）所示。由图可知：轴压比的改变对节点初始刚度没有影响，轴压比只对节点加载后期影响较大；轴压比增加，节点极限承载力略有增加，提升并不明显。

JDC1、JDC4 和 JDC5 骨架曲线如图 7.20（b）所示。由图可知：节点极限承载力和初始刚度大小由高到低依次为 JDC5、JDC4、JDC1，说明随着侧板厚度的增

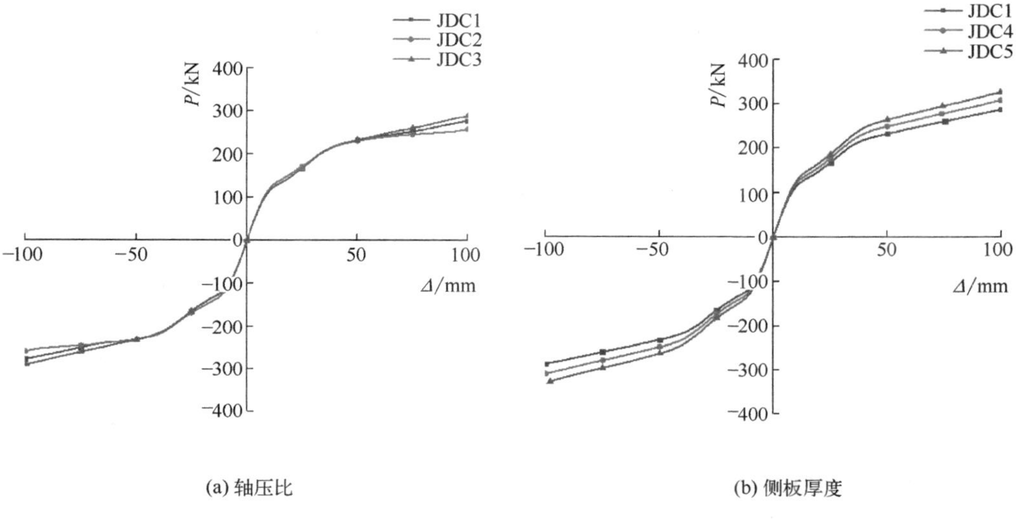

图 7.20　C 型节点骨架曲线

加，节点初始刚度和极限承载力也增加。这是因为C型节点发生的是节点核心区剪切破坏，侧板在剪切破坏中承担了部分剪力，所以侧板厚度增加，其承担剪力的能力也相应提升。

C型节点模型各特征点处的荷载及位移见表7.6。由于本书有限元分析中混凝土本构模型只是单向加载作用下的，并未建立恢复力模型，不能真正反映其在低周往复荷载下的受力性能，故C型节点模型骨架曲线无下降段，在极限承载力取值时，取层间转角变形为0.06rad时对应的节点承载力为其极限承载力[6]。

表7.6 C型节点模型各特征点处的荷载及位移

模型编号	受力方向	屈服状态		极限状态	
		P_y/kN	Δ_y/mm	P_{max}/kN	Δ_{max}/mm
JDC1	正	216.54	39.26	272.78	96.31
	负	−213.70	−38.44	−271.42	−95.85
JDC2	正	196.26	32.19	256.03	96.58
	负	−186.76	−29.50	−258.06	−96.63
JDC3	正	217.54	38.76	284.78	96.56
	负	−217.54	−41.54	−285.01	−96.63
JDC4	正	232.94	39.60	307.87	97.81
	负	−227.28	−38.03	−302.21	−96.22
JDC5	正	252.18	43.05	325.30	96.58
	负	−250.37	−42.32	−323.49	−95.85

(5) 延性

延性是结构抗震性能指标中的一个重要参数，它反映了结构在达到屈服以后且承载能力未明显下降这个阶段的变形能力。根据第4章内容，各节点模型延性系数见表7.7。

表 7.7　各节点模型延性系数

节点类型	试件编号	受力方向	屈服位移/mm	破坏位移/mm	延性系数	平均值
A 型	JDA1	正	25.32	108.76	4.30	4.00
		负	−27.36	−101.30	3.70	
	JDA2	正	39.94	110.23	2.76	2.78
		负	−39.60	−110.36	2.79	
	JDA3	正	14.30	73.46	5.14	4.91
		负	−15.55	−72.55	4.67	
	JDA4	正	25.21	72.38	2.87	3.04
		负	−22.12	−70.99	3.21	
	JDA5	正	27.40	81.28	2.97	3.12
		负	−27.18	−88.87	3.27	
B 型	JDB1	正	37.44	144.82	3.87	4.04
		负	−31.50	−132.63	4.21	
	JDB2	正	36.59	129.90	3.55	3.40
		负	−41.95	−135.80	3.24	
	JDB3	正	37.21	157.03	4.22	4.24
		负	−36.28	−154.83	4.27	
	JDB4	正	43.60	175.19	4.02	4.26
		负	−38.47	−173.18	4.50	
	JDB5	正	35.84	120.93	3.37	3.21
		负	−35.81	−109.32	3.05	
	JDB6	正	34.66	172.38	4.97	4.82
		负	−36.73	−171.63	4.67	

续表

节点类型	试件编号	受力方向	屈服位移/mm	破坏位移/mm	延性系数	平均值
B型	JDB7	正	31.65	175.83	5.56	5.39
		负	−32.32	−168.41	5.21	
	JDB8	正	37.20	154.30	4.15	4.07
		负	−38.85	−154.85	3.99	
	JDB9	正	35.84	120.93	3.37	3.55
		负	−36.48	−128.51	3.52	
C型	JDC1	正	39.26	96.31	2.45	2.47
		负	−38.44	−95.85	2.49	
	JDC2	正	32.19	96.58	3.00	3.14
		负	−29.50	−96.63	3.28	
	JDC3	正	38.76	96.56	2.49	2.41
		负	−41.54	−96.63	2.33	
	JDC4	正	39.60	97.81	2.47	2.50
		负	−38.03	−96.22	2.53	
	JDC5	正	43.05	96.58	2.24	2.35
		负	−42.32	−95.85	2.46	

由表7.7可知，A型有侧板节点模型延性系数为3.04～4.91，B型有侧板节点模型延性系数为3.21～5.39，C型有侧板节点模型延性系数为2.35～3.14，均大于普通混凝土结构通常要求的位移延性系数2，说明有侧板节点模型具有良好的延性。

通过对比A型节点延性系数发现，有侧板节点模型的延性系数均高于JDA2。这说明按照“强节点、弱构件”设计原则设计的有侧板节点，侧板的存在可以提高节点的延性能力；侧板外伸长度较短时，节点延性性能提升明显，当侧板外伸长度达到一定值后，再增加侧板长度，其节点延性性能开始下降。

(6) 耗能能力

A 型有侧板节点等效黏滞阻尼系数为 0.32～0.44，B 型有侧板节点等效黏滞阻尼系数为 0.35～0.37，C 型有侧板节点等效黏滞阻尼系数为 0.35～0.41，而普通钢筋混凝土结构一般为 0.1，型钢混凝土结构一般为 0.3，说明侧板连接十字形钢管混凝土柱-工字钢梁节点具有优良的耗能能力。往复荷载作用下，加载阶段结构吸收能量，卸载阶段结构耗散能量，两者的差值即为结构循环耗能的大小。各模型能量耗散及黏滞阻尼系数见表 7.8。

表 7.8　各模型能量耗散及黏滞阻尼系数

节点类型	试件编号	能量耗散系数	等效黏滞阻尼系数
A 型	JDA1	2.76	0.44
	JDA2	1.83	0.29
	JDA3	2.01	0.32
	JDA4	2.59	0.41
	JDA5	2.58	0.41
B 型	JDB1	2.33	0.37
	JDB2	2.33	0.37
	JDB3	2.93	0.47
	JDB4	2.27	0.36
	JDB5	2.27	0.36
	JDB6	2.29	0.37
	JDB7	2.26	0.36
	JDB8	2.26	0.36
	JDB9	2.23	0.35
C 型	JDC1	2.26	0.36
	JDC2	2.20	0.35

续表

节点类型	试件编号	能量耗散系数	等效黏滞阻尼系数
C 型	JDC3	2.57	0.41
	JDC4	2.26	0.36
	JDC5	2.32	0.37

对比分析 A 型有侧板节点和 JDA2 发现，有侧板节点等效黏滞阻尼系数均高于 JDA2，说明侧板的存在可以提升节点耗能能力，侧板较短时，耗能能力提升不明显。B 型和 C 型有侧板节点等效黏滞阻尼系数比较稳定，这说明有侧板节点破坏发生在节点核心区时，通过改变侧板的尺寸，改善耗能能力并不显著。

(7) 强度退化

同级加载条件下，结构构件承载力随反复加载次数的增加而降低的特性叫作强度退化。通常用强度退化系数 λ_i 反映结构的强度退化特性。A 型节点强度退化规律基本一致，在节点模型达到屈服强度以前，节点的强度退化并不明显，一些模型强度退化系数甚至大于 1。JDA2 较有侧板节点模型最先发生强度退化，并且强度退化速度较快，这是由于 JDA2 较早发生屈服，并且破坏发生在梁柱连接部位的节点核心区，一旦达到屈服强度以后，强度就会迅速退化。侧板的存在改变了这种破坏模式，转变为梁铰破坏机制，可以延缓强度退化。图 7.21 给出了 A 型节点模型强度退化。对比 JDA1、JDA3、JDA4 和 JDA5 发现，图 7.19 中曲线斜率基本一

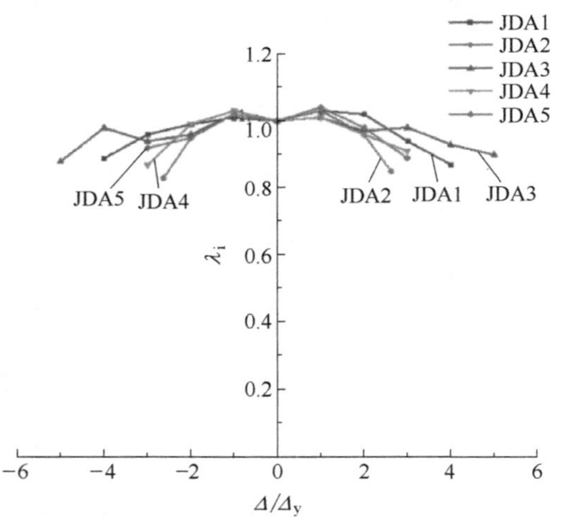

图 7.21　A 型节点模型强度退化

致，这说明侧板长度的改变对节点强度退化影响并不明显。

对比分析 JDB1、JDB2 和 JDB3，JDB2 较 JDB1 较早发生强度退化，并且退化速率较快，这说明虽然 JDB1 和 JDB2 破坏均发生在梁柱连接部位，但侧板的存在还是起到了积极的作用，对梁柱连接部位的弯曲变形有限制作用，进而降低了强度退化的速度。对比分析 JDB1、JDB4 和 JDB5，可能由于包辛格效应的影响，正反方向受力时强度退化并不一致；轴压比对节点强度退化影响规律并不明显。对比分析 JDB1、JDB6 和 JDB7，侧板高度的增加对强度退化产生了积极影响，侧板高度增加略微可以减缓强度退化速度，但影响并不明显。对比分析 JDB1、JDB8 和 JDB9，侧板厚度的增加对强度退化产生了积极影响，侧板厚度增加可以明显降低强度退化速率。图 7.22 给出了 B 型节点模型强度退化。

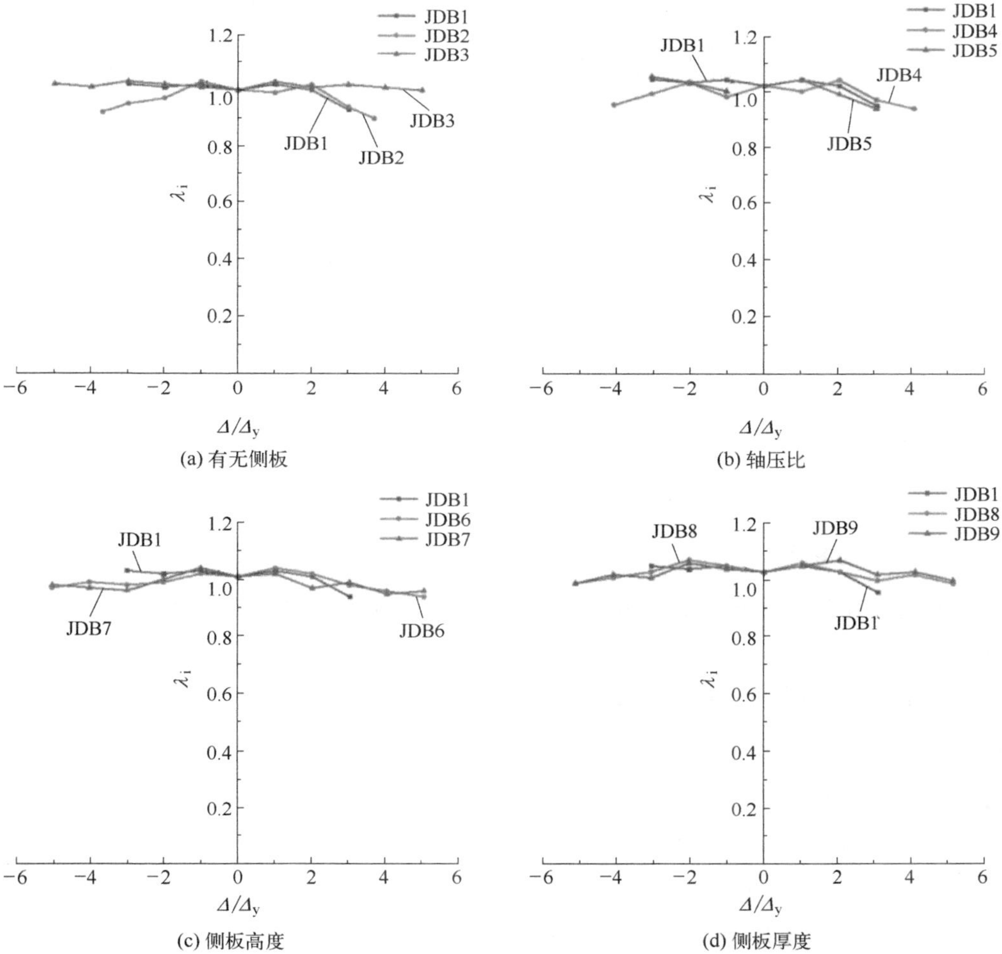

图 7.22　B 型节点模型强度退化

C型节点强度退化规律基本一致，较A型和B型节点，C型节点强度退化始终并不明显，这是由于C型节点发生的是剪切破坏，此破坏过程中混凝土起了至关重要的作用，而本书中混凝土本构采用的是单轴应力下的本构模型，并不是恢复力模型，不能准确模拟混凝土实际的损伤和开裂。对比JDC1、JDC2和JDC3发现，节点模型强度退化随轴压比的增加而加快，这是因为轴向力的增大加速了节点核心区侧板及钢管柱腹板肢腹板塑性铰的延伸发展，使承载力迅速下降。对比JDC1、JDC4和JDC5发现，侧板厚度的增加对强度退化影响并不明显，可能是由于侧板厚度增加过少，导致差别并不是很大。图7.23给出了C型节点模型强度退化情况。

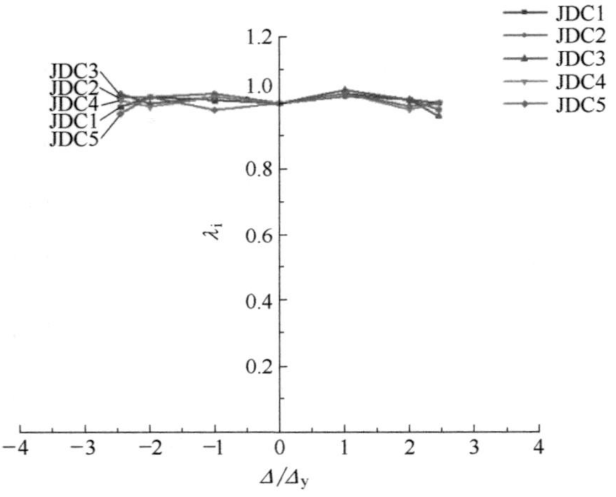

图7.23 C型节点模型强度退化

(8) 刚度退化

刚度退化是指在同级加载情况下，结构的刚度随着加载次数的增加逐渐降低的特性。

A型各节点模型刚度一直在减小，这是因为各模型屈服以后的损伤累积，有侧板节点损伤主要来自侧板外伸长度处的梁弯曲破坏，无侧板节点则是由于梁柱位置处的反复弯曲，导致最终塑性铰的产生，刚度一步退化。对比在模型屈服点时的K_i发现，有侧板节点较无侧板节点刚度大幅提升，这说明侧板的存在，可以明显提升节点初始刚度。图7.24给出了A型节点模型刚度退化。

与A型节点刚度退化类似，B型各节点模型刚度一直在减小，呈现刚度逐步退化的趋势。有无侧板节点模型损伤均来自梁柱连接部位，但对于有侧板节点而

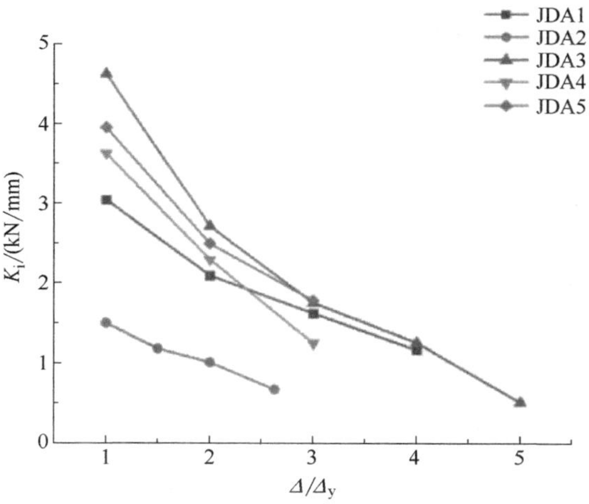

图 7.24　A 型节点模型刚度退化

言，侧板的存在一定程度限制了梁柱间的弯曲破坏，降低了节点刚度退化速率。同样，对比有无侧板节点屈服点 K_i 发现，有侧板节点较无侧板节点刚度大幅提升。轴压比、侧板高度和侧板厚度对节点强度退化影响并不明显。图 7.25 给出了 B 型节点模型刚度退化。

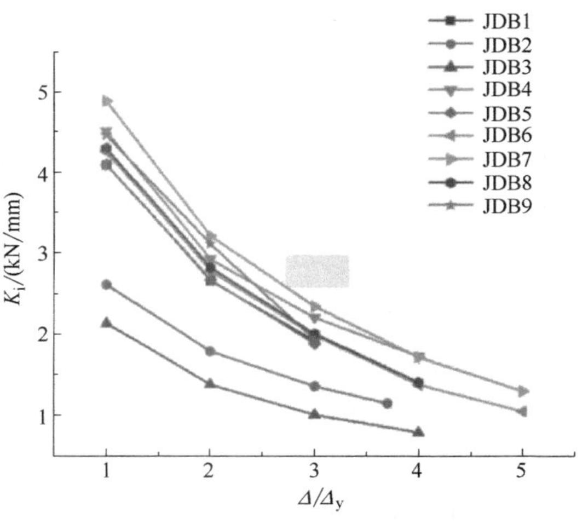

图 7.25　B 型节点模型刚度退化

C 型节点刚度呈下降趋势，但与 A 型和 B 型节点不同，C 型节点刚度最终并未达到较小的值，节点模型 K_i 仍大于 2.5，这是由于 C 型节点设计时加厚了钢管柱腹板肢翼缘的厚度，使节点的整体刚度明显大于 A 型和 B 型节点；节点模型刚度退化规律基本一致，这说明轴压比和侧板厚度对 C 型节点刚度退化影响并不明显。图 7.26 给出了 C 型节点模型刚度退化情况。

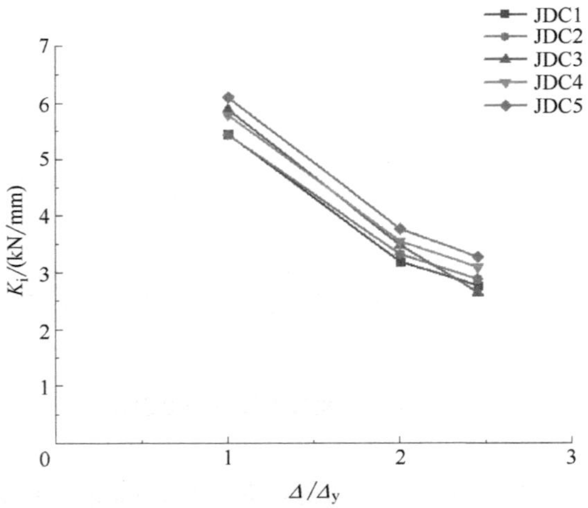

图 7.26 C 型节点模型刚度退化

7.4 本章小结

本章围绕侧板连接十字形钢管混凝土柱-钢梁节点，通过 19 组精细化有限元模型，系统考察了侧板存在与否、几何尺度及轴压比对节点滞回、承载、延性、耗能及退化规律的影响，并以典型试件的应力云图、骨架曲线和滞回环为线索，揭示了该类节点在往复荷载下的破坏机理与抗震潜能。研究结果表明，侧板构造在传力路径、塑性铰控制、刚度保持及能量耗散诸方面均表现出显著优势，为住宅钢结构梁柱节点的轻量化与装配化提供了可行的新思路。

① 侧板的存在彻底改变了传统节点的脆性破坏模式。无侧板试件在梁柱交界角部形成高应力集中，裂缝迅速贯穿核心区，呈现典型的焊缝撕裂伴随混凝土压碎；引入侧板后，应力被外伸段重新分配，塑性铰由柱角外移至梁端翼缘，破坏由“节点核心区脆断”转为“梁铰延性破坏”。对比 JDA1 与 JDA2 可知，极限承载力提高 42%以上，屈服位移提前而破坏位移显著增大，侧板长度每增加 50mm，承载力增幅可达 10%左右，但延性在超过 200mm 后反而略有下降，提示设计需在强度与变形能力之间寻求平衡。

② 在弱节点系列的B型与C型节点模型中，侧板对抗弯与抗剪性能的提升同样显著。B型节点通过削弱梁柱线刚度比，使破坏集中于节点域，结果显示侧板厚度由4mm增至6mm，初始刚度提高约15%，极限承载力增长12%；侧板高度由266mm增至306mm，承载力提升约7%，表明厚度比高度对弯剪复合受力更为敏感。C型节点以剪切破坏为主，侧板厚度每增加1mm，剪力峰值提高近10%，且滞回环始终饱满，未见明显捏缩，说明侧板能有效约束核心区混凝土并分担剪力，延缓对角裂缝的贯通。轴压比由0.2升至0.4，B型节点极限承载力下降约5%，C型节点反而略有上升，但延性普遍下降，显示高轴压下需适当加大侧板尺寸以补偿变形能力的损失。

③ 滞回与耗能分析进一步验证了侧板构造的优越性。全部有侧板试件的等效黏滞阻尼系数为0.32～0.44，远高于普通钢筋混凝土节点的0.10；能量耗散面积较无侧板节点平均提高45%。A型节点在侧板长度150mm时耗能最优，过短则塑性区过于集中，过长则翼缘局部屈曲提前，耗能略有回落。B型与C型节点因破坏模式固定，侧板几何变化对阻尼系数影响不显著，但厚度增加仍可使累积耗能提升8%～12%。强度与刚度退化曲线表明，有侧板节点的退化速率显著减缓，同级循环荷载下残余承载力保持在峰值85%以上的循环次数比无侧板节点多出3～5次，侧板厚度与高度的提高均能进一步降低退化斜率，其中厚度的作用更为明显。

④ 综合比较三类节点，侧板构造不仅将破坏模式由脆性转为延性，而且通过合理匹配外伸长度、板件厚度和高度，可在不增加柱截面的前提下实现承载力与延性的同步提升，为住宅钢结构实现“隐柱、平整墙面”提供了技术支撑。工程应用中建议优先采用侧板外伸150～200mm、厚度不小于梁翼缘厚度的1.2倍、轴压比控制在0.4以下，可确保8度设防区层间位移角达到1/50时节点仍保持“生命安全”水准，具备良好的推广价值。

参考文献

[1] 赵毅，徐礼华，程康，等. 劲性环梁式钢管混凝土节点受力性能研究[J]. 工程力学，2013，30(B06)：241-241.

[2] JGJ/T 101—2015. 建筑抗震试验规程.[S]. 北京：中国建筑工业出版社，2015.

[3] 许成祥，万波，张继承，等. 十字形钢管混凝土柱框架中节点抗震性能试验研究[J]. 建

筑结构，2012，42（3）：80-83.

[4] 龚纯. 钢板箍连接装配整体式混凝土柱力学性能数值分析 [D]. 湘潭：湘潭大学，2016.

[5] 屠康. 新型T形钢管混凝土柱-钢梁装配式节点的抗震性能研究 [D]. 青岛：青岛理工大学，2018.

[6] 聂建国，秦凯，肖岩. 方钢管混凝土柱节点的试验研究及非线性有限元分析 [J]. 工程力学，2006，23（11）：99-109.

第8章 侧板连接十字形钢管混凝土柱-钢梁节点承载力计算分析

8.1 引言

本章在前述盖板式外加强环L形节点与侧板连接十字形节点的系统研究基础上，进一步将两类异形钢管混凝土柱-钢梁节点的力学成果升华为可直接用于工程实践的承载力计算体系。前面通过精细化有限元模型，已充分验证了盖板式构造在L形节点中实现塑性铰外移、侧板构造在十字形节点中优化应力路径的有效性，并揭示了构造参数与抗震性能的耦合规律。然而，有限元模拟虽能提供详尽的力学响应数据，却难以直接嵌入现行规范条文，工程界仍缺乏一套兼顾精度与可操作性的统一计算方法。因此，本章以两类节点的典型破坏模式为切入点，分别建立弯、剪极限承载力的理论模型，对钢管柱壁、侧板及核心混凝土的协同受力机制进行解析提炼。通过引入屈服线理论、斜压杆模型及强化系数，将复杂的三维应力状态转化为可量化的计算表达式，并与大量模拟结果进行误差校核，确保公式在工程适用范围内的可靠性。本章的成果不仅是对前述章节研究成果的凝练与升华，更为异形钢管混凝土柱-钢梁节点从理论探索走向规范条文提供了关键桥梁，为装配式钢结构住宅的抗震设计提供了可直接套用的技术工具。

8.2 侧板连接节点的受弯承载力

8.2.1 节点受弯屈服机制和传力机理

在外荷载作用下，梁柱连接部位的柱角最早出现塑性区域，随着加载位移的增大，塑性铰在柱壁和侧板上逐渐扩展，直至塑性铰贯穿梁柱连接处整个截面，节点破坏，承载力开始下降。JDB1 模型塑性铰发展流程如图 8.1 所示。

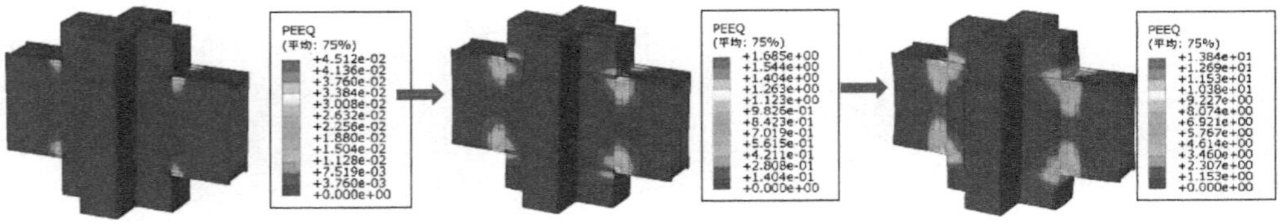

(a) 塑性铰产生　　(b) 充分发展　　(c) 塑性铰贯穿

图 8.1 JDB1 模型塑性铰发展流程

当梁端受弯矩作用时，可将弯矩转化为两对力偶。一对力偶通过拉压力作用到梁的上下翼缘，拉力会使相应部位钢管柱与核心混凝土脱离，导致钢管柱侧壁屈曲，压力通过钢管柱壁传至节点核心混凝土。另一对力偶通过拉压力作用到侧板的上下两部分。因此，节点区的抗拉承载力由钢管柱翼缘的抗拉承载力和侧板的抗拉承载力两部分组成。图 8.2 展示了 JDB1 加载过程中的传力机理。

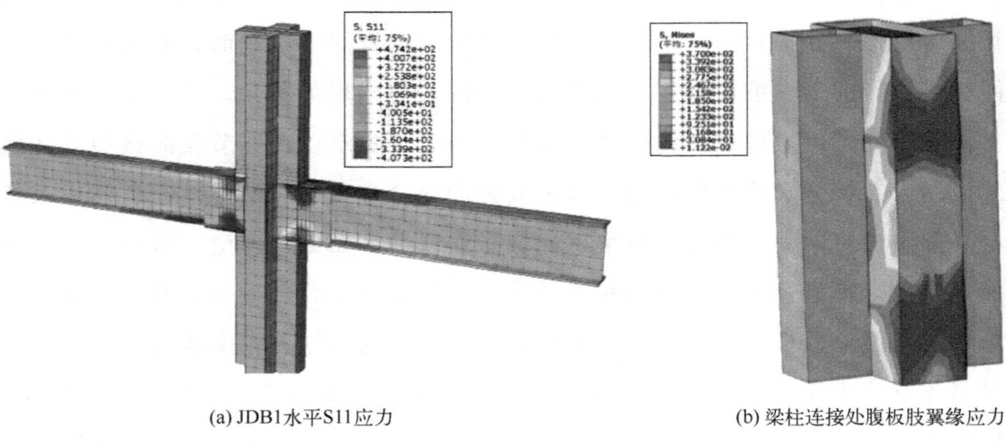

(a) JDB1水平S11应力　　(b) 梁柱连接处腹板肢翼缘应力

图 8.2 JDB1 加载过程中的传力机理

8.2.2　侧板连接节点极限受弯承载力计算公式

(1) 屈服线理论求解方钢管柱翼缘极限抗拉承载力

当梁柱翼缘等宽时，根据文献 [1] 的研究表明，钢管混凝土柱产生侧壁破坏，聂建国[2] 基于屈服铰线破坏机制来分析梁柱翼缘等宽时节点的屈服抗拉承载力，假定管壁的应力分布与变形一致，节点屈服机制、变形和应力如图 8.3 所示。

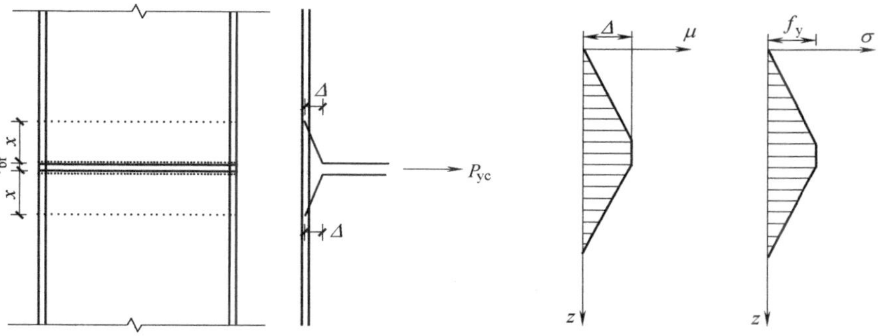

(a) 节点屈服铰线分布　(b) 管壁变形分布　(c) 管壁应力分布

图 8.3　梁柱翼缘等宽时的节点抗拉承载力计算模型

根据虚功原理可得

$$
\begin{cases}
E_c = 4M_{p2}B_c\dfrac{\Delta}{x} + 4\displaystyle\int_0^x \dfrac{x f_{y,acf} t_{bf}}{x} z \dfrac{\Delta}{x}\mathrm{d}z + 2 f_{y,acf} t_{bf}^2 \Delta = P_{yc}\Delta \\
P_{yc} = \dfrac{4M_{p2}B_c}{x} + \dfrac{4}{3} f_{y,acf} t_{bf} x + 2 f_{y,acf} t_{bf}^2 \\
M_{p2} = (1-n^2)\dfrac{f_{y,acf} t_{bf}^2}{4} \\
x = \sqrt{\dfrac{3M_{p2}B_c}{f_{y,acf} t_{bf}}}
\end{cases}
\tag{8.1}
$$

式中，E_c 为核心混凝土的弹性模量；M_{p2} 为垂直于梁轴方向的塑性抗弯承载力；B_c 为方钢管混凝土柱的截面宽度；Δ 为节点在受力时的假设微小位移；x 为钢管翼缘在受拉时屈服铰线延伸的水平距离；$f_{y,acf}$ 为钢管翼缘与腹板连接处焊缝或钢板的屈服强度最小值；z 为积分变量，表示沿钢管侧壁破坏面的局部坐标；t_{bf}

为钢梁受拉翼缘的厚度；n 为轴压比；P_{yc} 为方钢管混凝土柱翼缘提供的节点屈服承载力。

柱壁屈服以后，柱壁塑性发展充分，达到极限状态时，梁翼缘一定高度 x 范围内的柱壁均达到极限应力，此时管壁的应力分布如图 8.4 所示。

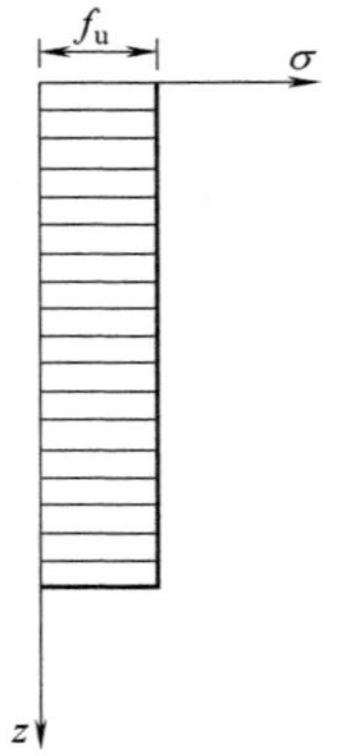

图 8.4 极限状态下管壁的应力分布

将式（8.1）中 $f_{y,acf}$ 替换成 f_u，由虚功原理可得

$$\begin{cases} E_c = 4M_{p2}B_c\dfrac{\Delta}{x} + 4\displaystyle\int_0^x f_u z\dfrac{\Delta}{x}\mathrm{d}z + 2f_u t_{bf}^2\Delta = P_{uc}\Delta \\ P_{uc} = \dfrac{4M_{p2}B_c}{x} + \dfrac{4}{3}f_u t_{bf}x^2 + 2f_u t_{bf}^2 \end{cases} \tag{8.2}$$

式中，f_u 为钢材极限抗拉强度；P_{uc} 为侧板连接十字形钢管混凝土柱-钢梁节点的极限受剪承载力；未知数 x 可以由 P_{uc} 为最小时进行求导得到，由此可得

$$x = \sqrt[3]{\frac{3M_{p2}B_c}{2f_u t_{bf}}} \tag{8.3}$$

将式（8.3）代入式（8.2）即是柱翼缘提供的极限抗拉承载力，其中式（8.2）中 M_{p2} 的计算同式（8.1），此公式并未考虑核心混凝土对管壁翼缘的支撑作用。基于 JDB2 和 JDB3 构件计算结果可知，核心混凝土的存在提升了节点抗弯承载力，这是因为核心混凝土为柱翼缘提供支撑作用，延缓了其屈曲破坏。JDB2、JDB3 极限承载力分别为 143.31kN 和 113.28kN，有核心混凝土节点较无核心混凝土节点极限承载力提升了 26.51%。鉴于以上分析，提出核心混凝土强化系数 α，考虑混

凝土影响后的柱翼缘极限抗拉承载力为

$$P'_{uc}=\alpha P_{uc} \tag{8.4}$$

式中，α 为系数，取 1.26。

(2) 侧板极限抗拉承载力

在加载过程中，梁端弯矩一部分由侧板以拉压力的形式传递给钢管柱，通过观察模型极限荷载状态下的 Mises 应力分布，假定侧板上的拉压力均布于侧板水平中线的两侧，基于静力平衡条件，简化计算侧板承担的极限水平拉力，可表示为

$$P_{ud}=2f_{ud}\times\frac{h_d}{2}\times t_d \tag{8.5}$$

式中，P_{ud} 为侧板承担的极限水平拉力；t_d 为侧板的厚度；h_d 为侧板的高度；f_{ud} 为侧板的极限强度。

(3) 节点极限受弯承载力

基于屈服线理论和静力平衡求得柱翼缘对钢梁、侧板的极限抗拉承载力后，分别乘以其抗力中心距，即为各自对节点抗弯承载力的贡献，节点的极限抗弯承载力 M_u 即为两者和，表达式为

$$M_u=P'_{uc}h_{bw}+P_{ud}\times\frac{h_d}{2} \tag{8.6}$$

式中，h_{bw} 为钢梁上下翼缘中心间的距离。

8.2.3 侧板连接节点极限受弯承载力验算

为了验证上述节点极限抗弯承载力的合理性，表 8.1 给出了有限元模拟计算得到极限弯矩值与公式计算的节点抗弯承载力对比结果。由表 8.1 可知：侧板连接节点在传递弯矩过程中，柱翼缘起主要作用，侧板帮助承载部分弯矩，通过改变侧板的尺寸，可以改变侧板对节点弯矩的贡献；计算的理论值与数值模拟结果值误差最大的是为 15%，误差较大的原因是侧板较厚，实际承载过程中侧板还未充分发挥作用，柱翼缘与梁连接塑性铰已经贯穿，承载力开始下降。本书中的公式计算结果与有限元计算结果基本一致，可为此类节点设计提供参考。

表 8.1 节点极限抗弯承载力理论计算结果与有限元值比较

单位：kN·m

节点编号	M_{us}	M_{ud}	M_u	M_u^e	M_u/M_u^e
JDB1	86.79	52.36	139.15	136.91	1.02
JDB2	86.79		86.79	96.73	0.90
JDB3	68.88		68.88	76.46	0.90
JDB4	89.13	52.36	141.49	142.38	0.99
JDB5	83.44	52.36	135.8	136.16	1.00
JDB6	86.79	56.30	143.06	142.92	1.00
JDB7	86.79	60.23	147.02	145.92	1.01
JDB8	86.79	65.45	152.24	140.13	1.09
JDB9	86.79	78.54	165.33	144.03	1.15
平均值					1.02
标准差					0.07

注：M_{us}、M_{ud}、M_u 分别为按照本书中的公式计算的柱翼缘提供的极限抗弯承载力，侧板提供的极限抗弯承载力和节点极限抗弯承载力；M_u^e 为根据有限元结果计算的节点极限抗弯承载力。

8.3 侧板连接节点的受剪承载力

8.3.1 中节点的受力分析

为了研究梁柱端弯矩、剪力及竖向轴力对节点剪力的影响，作侧板连接十字形钢管混凝土柱-工字钢梁节点剪力示意，如图 8.5 所示。

工字梁在弯矩作用下，将弯矩转化为梁翼缘的拉力 T 和压力 C，拉力 T 一部分通过梁受拉翼缘传递给柱翼缘，另一部分通过翼缘两侧的侧板传递到节点核心区的翼缘肢，和拉力 T 相同；压力 C 一部分通过受压翼缘传递给柱翼缘，另一部分由受压区翼缘两侧侧板传递给翼缘肢，主要由翼缘肢混凝土承受这部分压力。在工字钢梁截面上，拉力 T 和压力 C 形成了一个力偶，而拉压力的作用点分别是拉翼

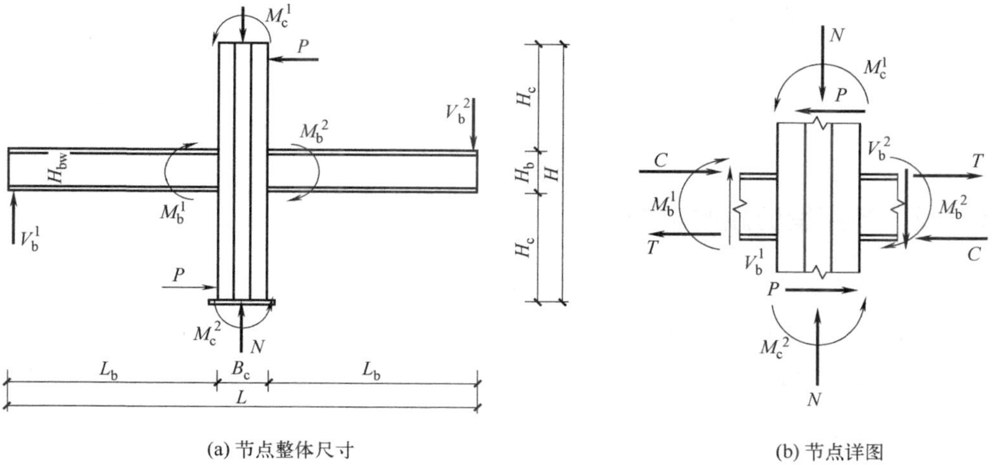

图 8.5　节点剪力示意

缘和压翼缘的中心。

根据节点处弯矩平衡

$$M_c^1+M_c^2=M_b^1+M_b^2 \tag{8.7}$$

式中，M_c^1 为柱上端弯矩；M_c^2 为柱下端弯矩；M_b^1 为梁左端弯矩；M_b^2 为梁右端弯矩。

柱端建立力平衡关系，则

$$M_c^1=PH_c \quad M_c^2=PH_c \tag{8.8}$$

式中，P 为水平力；H_c 为水平力至梁翼缘的距离。

则柱端水平剪力为

$$V_c=V_c^1=V_c^2=\frac{M_c^1+M_c^2}{2H_c}=\frac{2M_b}{H-H_b} \tag{8.9}$$

式中，H 为柱上下水平力之间的距离；M_b 为柱端弯矩。

梁端转换来的拉力 T 和压力 C 为

$$T+C=\frac{2M_b}{h_{bw}} \tag{8.10}$$

式中，h_{bw} 为梁腹板的高度。

传至节点域的有效水平剪力 V_j 为

$$V_j = T + C - V_c = \frac{(V_{b1} + V_{b2})L_b}{h_{bw}}\left(1 - \frac{h_{bw}}{H - H_b}\right) \tag{8.11}$$

8.3.2 节点受剪屈服机制

C 型有侧板节点破坏状态 Mises 应力如图 8.6 所示。由有限元结果可知，C 型节点发生的是剪切破坏，节点在柱顶压力、弯矩、剪力和梁端传递的弯矩、剪力作用下，梁端弯矩以拉压力的形式传递给节点区柱腹板、混凝土和侧板。节点核心区柱翼缘与侧板形成一个封闭的钢框架约束着核心混凝土，不会造成混凝土急剧开裂导致节点承载力明显下降。当承受外荷载作用时，节点核心区腹板和侧板达到屈服强度。继续加载，节点核心区腹板和侧板大部分均到达屈服强度。进一步加载，节点核心区腹板和侧板变形明显，达到极限强度，塑性铰贯穿。由于此时核心混凝土尚未达到极限压应变，节点仍可继续承载。加载过程中，核心混凝土应力主要分布在对角线方向的倾斜带状区域，由于往复力的作用，倾斜带状区域不断变换。节点的受力机理为钢桁架、混凝土主斜压杆和约束斜压杆的综合作用。

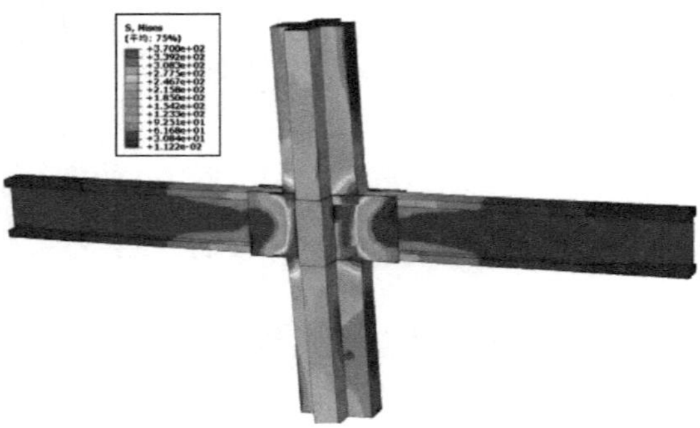

图 8.6 C 型有侧板节点破坏状态 Mises 应力云图

8.3.3 侧板连接节点极限抗剪承载力计算公式

(1) 钢管柱腹板的抗剪承载力

假定节点核心区腹板肢腹板仅承受柱顶轴压和剪力、梁端传递的弯矩。节点核心区钢管柱腹板将承受竖向受压、横向变形的侧压力及其水平拉力。柱腹板的平面应力状态如图 8.7 所示。

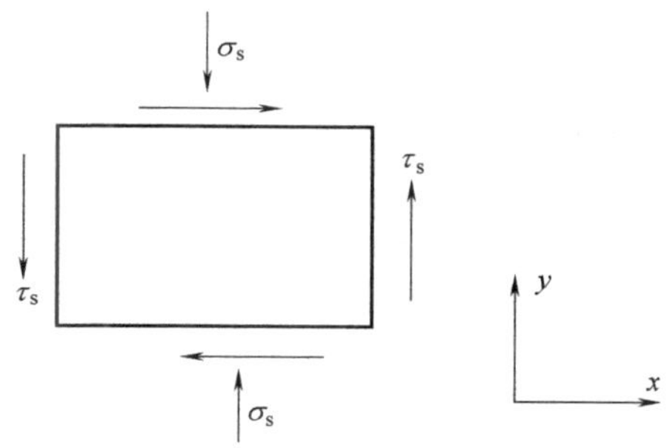

图 8.7　柱腹板的平面应力状态

σ_s—正应力；τ_s—剪应力

根据柱腹板的平面应力状态可知

$$\begin{cases}\sigma_x=0\\ \sigma_y=\sigma_s\\ \tau_{xy}=\tau_s\end{cases}\tag{8.12}$$

则节点核心区柱腹板的主应力分别为

$$\begin{cases}\sigma_1=\dfrac{\sigma_s}{2}+\sqrt{\left(\dfrac{\sigma_s}{2}\right)^2+\tau_s^2}\\ \sigma_2=0\\ \sigma_3=\dfrac{\sigma_s}{2}-\sqrt{\left(\dfrac{\sigma_s}{2}\right)^2+\tau_s^2}\end{cases}\tag{8.13}$$

式中，σ_1 为主拉应力；σ_2 为第二主应力；σ_3 为主压应力。

节点达到极限状态前，钢材处于剪切屈服状态，由 von Mises 屈服准则可得

$$\sqrt{\frac{1}{2}[(\sigma_1-\sigma_2)^2+(\sigma_2-\sigma_3)^2+(\sigma_3-\sigma_1)^2}=f_{sy}\tag{8.14}$$

将式（8.13）代入式（8.14）得

$$\sqrt{\sigma_s^2+3\tau_s^2}=f_{sy}\tag{8.15}$$

因此，节点核心区柱腹板屈服时所能承受的最大剪应力为

$$\tau_{s,max}=\frac{\sqrt{f_{sy}^2-\sigma_s^2}}{\sqrt{3}} \tag{8.16}$$

则节点核心区柱腹板的屈服剪力为

$$V_{sy}=\frac{A_w\sqrt{f_{sy}^2-\sigma_s^2}}{\sqrt{3}}\sigma_s=\frac{E_s}{E_sA_s+E_cA_c}N \tag{8.17}$$

式中，E_s 为钢管的弹性模量；A_s 为钢管截面面积；E_c 为混凝土弹性模量；A_c 为混凝土截面面积；A_w 为节点腹板肢钢腹板的截面面积；σ_s 为钢管壁的压力；f_{sy} 为钢管的屈服强度；N 为柱顶压力。

(2) 核心混凝土的抗剪承载力

梁翼缘上的压力主要有两个传力路径，小部分压力通过侧板及柱腹板肢腹板传递给柱翼缘肢，大部分直接作用于腹板肢核心混凝土，即压力主要由腹板肢核心混凝土承担。图 8.8 给出了 JDC1 水平方向 S11 应力。

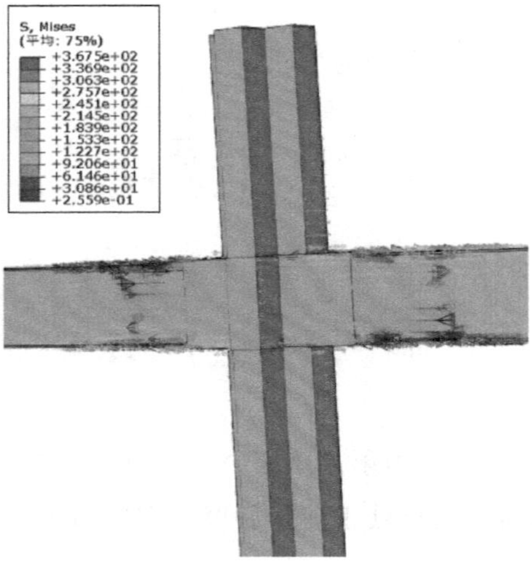

图 8.8 JDC1 水平方向 S11 应力

对于反对称结构，外荷载主要由节点内沿对角线方向的倾斜带状区域的混凝土来承担。因此，确定混凝土的抗压强度和沿对角线方向的倾斜带状区域是求解核心混凝土抗剪承载力的关键。

钢管混凝土在轴心受压时，外钢管对核心混凝土产生环向约束，使其处于三向受压的复杂应力状态。由于混凝土内部应力场分布极其复杂，其极限强度至今仍缺乏公认的计算方法。借鉴汤关祚[3] 的研究成果，引入核心混凝土强化系数 k 以表征约束效应，该系数仅与钢材等级及含钢率相关。据此，可给出核心混凝土轴心受压的极限承载力表达式。

$$\begin{cases} f_c^* = k_1 f_c \\ k_1 = 1 + \dfrac{\alpha(1-\alpha) f_{sa}}{f_c} \\ \alpha = \dfrac{A_s}{A_c} \end{cases} \tag{8.18}$$

式中，f_c 为混凝土单轴抗压强度；f_c^* 为混凝土三向受压强度；k_1 为核心混凝土强度提高理论计算系数；α 为含钢率；f_{sa} 为钢管抗压强度设计值。

因为此式（8.18）是基于圆钢管混凝土柱而提出的，根据钟善桐[4] 统一理论观点，相同钢材品种和含钢率情况下，截面形状由圆形经多边形转变到方矩形，其抗压强度一定也呈顺序的改变，故提出套箍作用折减系数，取其为 0.73，修正后的核心混凝土轴心受压极限受压承载力公式为

$$f_c^* = 0.73 k_1 f_c \tag{8.19}$$

节点区混凝土应力主要分布在节点内沿对角线方向的倾斜带状区域，核心区混凝土符合“斜压杆理论”[5,6]。节点核心区混凝土受力机理如图 8.9 所示。

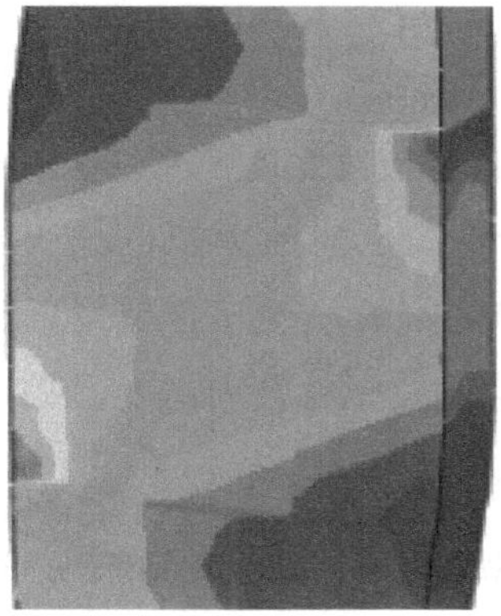

(a) Mises应力云图

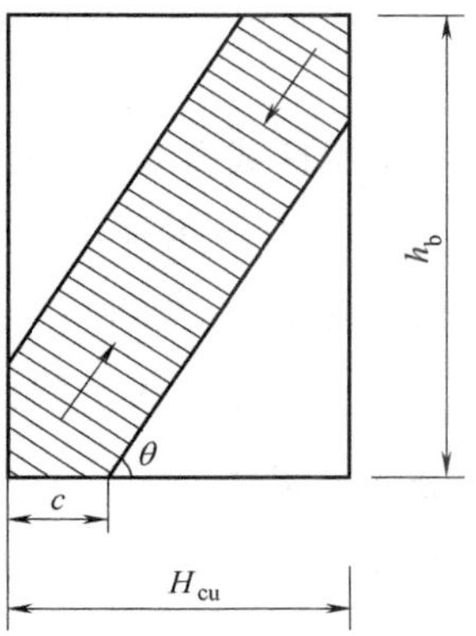

(b) 斜压杆理论

图 8.9　节点核心区混凝土受力机理

考虑三向围压及混凝土开裂后强度有一定程度的下降，取强度折减系数为0.8[7]，其受剪承载力 V_c 可表示为

$$\begin{cases}V_c=0.8f_c^* A_{ac}\cot\theta\\A_{ac}=(B_c-2t_s)c\end{cases}\tag{8.20}$$

式中，c 为斜压杆宽度，根据参考文献［8］方法进行计算。

$$\begin{cases}c=\left(0.25+0.85\dfrac{N_c}{f_c^* A_{co}}\right)H_{cu}\\N_c=\dfrac{E_cA_c}{E_sA_s+E_cA_c}N\\\cot\theta=\dfrac{H_{cu}}{H_b}\\A_{co}=(B_c-2t_s)H_{cu}\end{cases}\tag{8.21}$$

联立式（8.20）和（8.21）可得

$$A_{ac}=(B_c-2t_s)c=A_{co}\left(0.25+0.85\dfrac{\dfrac{E_cA_c}{E_sA_s+E_cA_c}N}{f_c^* A_{co}}\right)\tag{8.22}$$

将 f_c^* * 和 A_{ac} 代入式（8.20），则核心混凝土受剪承载力计算式为

$$V_c=0.8f_c^* A_{ac}\cot\theta=\cot\theta\left(0.146k_1f_cA_{co}+0.68\dfrac{E_cA_c}{E_sA_s+E_cA_c}N\right)\tag{8.23}$$

式中，A_{ac} 为斜压杆截面面积；B_c 为柱腹板肢宽度；N 为柱顶轴力；N_c 为核心混凝土轴向压力；θ 为斜压杆中线和水平线之间的夹角；t_s 为钢管柱的厚度；A_{co} 为腹板肢内核心混凝土的面积；c 为核心混凝土受压区宽度；H_b 为钢梁翼缘中线之间的距离；H_{cu} 为钢管腹板肢核心区混凝土的截面高度。

(3) 侧板的抗剪承载力

节点核心区侧板与腹板肢腹板受力类似，要承受核心混凝土膨胀后的横向变形及其产生的水平拉力，由于侧板凸出于钢管柱设置，并未承受柱顶压力的作用，即节点核心区侧板处于两向应力状态。侧板受力状态如图 8.10 所示。

将 $\sigma=0$ 代入式（8.12）～式（8.15），侧板屈服时所能承受的最大剪应力

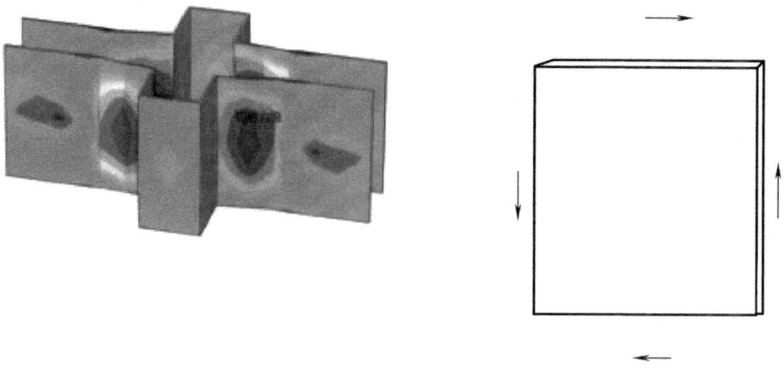

(a) 侧板剪应力分布　　(b) 侧板应力状态

图 8.10　侧板受力状态

$\tau_{d,max}$ 为

$$\tau_{d,max}=\frac{f_{sy}}{\sqrt{3}} \tag{8.24}$$

侧板抗剪承载力 V_d 为

$$V_d=\frac{f_{sy}}{\sqrt{3}}A_{wd} \tag{8.25}$$

式中，A_{wd} 为节点腹板肢对应侧板的截面面积。

(4) 侧板连接节点受剪承载力计算公式

节点核心区的水平剪力由钢管柱腹板肢腹板、核心混凝土和侧板三部分承担，其中由于本书的研究对象是十字形钢管混凝土柱，需考虑翼缘肢内核心混凝土对节点抗剪承载力的贡献。陈茜等[8] 在理论和试验的基础上，提出了翼缘影响系数 ξ_f，其大小只与节点形式及翼缘伸出长度有关，则修正后的侧板连接十字形钢管混凝土柱-工字钢梁节点抗剪承载力计算式为

$$V=V_{sy}+V_d+V_c=\frac{A_{ws}\sqrt{\sigma_{sy}^2-\sigma_s^2}}{\sqrt{3}}+\frac{2f_{sy}}{\sqrt{3}}A_{wd}+\xi_f\left(0.146k_1f_cA_{co}\cot\theta+0.68\frac{E_cA_c}{E_sA_s+E_cA_c}N\cot\theta\right) \tag{8.26}$$

式中，ξ_f 为核心混凝土翼缘影响系数，按照表 8.2 取值。将 f_u 代替 f_{sy} 即为节点极限抗剪承载力公式。

表 8.2 翼缘影响系数 ξ_f

位置	翼缘伸出长度/mm			
	0	120	240	360
中节点	1	1.25	1.30	1.40
边节点	1	1.20	1.25	1.35
角节点	1	1.10	1.20	1.25

(5) 侧板连接节点受剪承载力分析

节点各部分的承载力见表 8.3。由表 8.3 可知：钢管柱腹板肢腹板分担的剪力为总剪力的 24%～30%；侧板分担的剪力为总剪力的 17%～25%。

核心混凝土分担的剪力占总剪力的 50%～59%，这说明节点承受的剪力绝大部分由核心混凝土承担，核心混凝土是节点抗剪承载力的主要部件。

观察 JDC1～JDC3 数据发现，随着轴压比的增加，核心混凝土分担的剪力与总剪力的比值略有提升，这是因为柱顶压力提升，导致核心混凝土斜压杆区域增加，进而核心混凝土抗剪承载力有所提升。

观察 JDC1、JDC4 和 JDC5 数据发现，随着侧板厚度的增加，侧板分担的剪力与总剪力的比值增大，核心混凝土分担的剪力有所降低，这是因为侧板厚度的改变影响了节点核心区的含钢率，进一步影响了混凝土三向围压强度，最终导致混凝土的抗剪承载力改变。

表 8.3 节点各部分的承载力

模型编号	V_u/kN	V_{us}/kN	V_{us}/V_u	V_{ud}/kN	V_{ud}/V_u	V_{uc}/kN	V_{uc}/V_u
JDC1	1176.51	319.32	0.27	217.16	0.18	640.03	0.55
JDC2	1064.25	323.24	0.30	217.16	0.20	523.85	0.50
JDC3	1284.47	313.35	0.24	217.16	0.17	753.96	0.59

续表

模型编号	V_u/kN	V_{us}/kN	V_{us}/V_u	V_{ud}/kN	V_{ud}/V_u	V_{uc}/kN	V_{uc}/V_u
JDC4	1242.25	323.24	0.26	271.16	0.22	647.85	0.52
JDC5	1313.04	323.24	0.25	326.31	0.25	663.49	0.50

注：V_{us}、V_{ud}、V_{uc} 分别为按照本书中的公式计算的腹板、侧板和核心混凝土对节点极限剪承载力贡献；V_u 为本书建议公式计算的节点极限抗剪承载力。

8.3.4　侧板连接节点极限受剪承载力验算

C 型有侧板节点骨架曲线显示，骨架曲线持续上升，并无平滑或者下降段，参考聂建国[2] 对于此类问题处理办法，取层间转角变形为 0.06rad 时的节点承载力为极限承载力。为验算本书建议的侧板连接节点极限受剪承载力公式的正确性，对发生剪切破坏的 C 型有侧板节点进行承载力计算，有限元计算结果与推导公式计算值见表 8.4。由表 8.4 可知：有限元值与公式计算值的比值均值为 0.85，这说明节点极限承载力计算值与有限元值吻合较好，有限元值高于与理论计算结果可能是由于 ABAQUS 无法模拟混凝土的开裂，导致混凝土强度折减并不明显。本书中的推导公式较符合实际，可为实际工程设计提供参考。

表 8.4　节点受剪承载力理论值与有限元值比较

试件编号	理论值 V_u/kN	有限元值 V_{ue}/kN	V_u/V_{ue}
JDC1	1176.51	1342.08	0.88
JDC2	1064.25	1256.32	0.85
JDC3	1284.47	1459.22	0.88
JDC4	1242.25	1514.72	0.82
JDC5	1313.04	1582.67	0.83
平均值			0.85

8.4　本章小结

本章以侧板连接十字形钢管混凝土柱-钢梁节点为对象，通过 B、C 两类破坏模式的有限元结果，系统建立弯、剪极限承载力计算框架，引入混凝土强化系数、翼缘影响系数等关键参数，使理论值与模拟值误差控制在工程允许范围内，为装配式住宅节点设计提供了可直接应用且便于规范化的技术路径。

① 明确了节点受弯时的传力机理与塑性铰演化规律。B 型节点破坏位置始终位于梁柱连接截面，表现为柱壁与侧板共同受拉、混凝土受压的复合受力状态；通过屈服线理论，将柱翼缘极限抗拉贡献与侧板拉力贡献叠加，所得抗弯承载力与有限元结果平均比值接近 1.02，验证了计算模型的合理性，也解释了侧板外伸长度每增加 50mm 即可带来约 10%承载力增幅的内在原因。

② 针对节点核心区剪切破坏提出三元件协同抗剪模型。C 型节点应力云图显示，核心区混凝土呈对角斜压带分布，钢管腹板及侧板形成闭合钢框共同约束混凝土；将腹板剪切、混凝土斜压杆及侧板受剪三者的承载力按翼缘影响系数加权叠加，理论值与有限元结果平均比值为 0.85，且混凝土承担 50%以上剪力，说明斜压杆机制是抗剪主力，侧板厚度每增加 1mm 即可使节点抗剪能力提高 8%～12%。

③ 揭示了侧板尺寸与轴压比对承载性能的定量影响。侧板外伸长度在 100～200mm 区间时，承载力与延性同步提升，继续增大长度对延性不利；侧板厚度对弯剪承载力均呈线性正相关，但延性略有下降；轴压比由 0.2 升至 0.4 对弯剪承载力影响不足 5%，却使延性明显降低，因此建议轴压比控制在 0.4 以内，侧板厚度取梁翼缘厚度的 1.2 倍即可兼顾经济性与安全性。

④ 给出了可直接用于工程设计的承载力计算流程与构造建议。设计时先根据柱截面与侧板尺寸分别计算柱翼缘、侧板及混凝土的贡献，再按节点类型选取对应的翼缘影响系数进行叠加；典型算例表明，按此方法设计的节点在 8 度设防区层间位移角 1/50 条件下仍能保持生命安全性能，且计算过程无须迭代，便于嵌入现行规范条文。本章成果填补了侧板连接十字形钢管混凝土节点承载力设计方法的空白，为住宅钢结构的装配式、轻量化与隐形化提供了可靠技术支撑。

参考文献

[1] Lu L H. The Static Strength of I-Beam to Rectangular Hollow Section Column Connections [J], 1997, 6 (1): 19-31.

[2] 聂建国，秦凯，张桂标. 方钢管混凝土柱内隔板式节点的抗弯承载力研究 [J]. 建筑科学与工程学报，2005 (1): 42-49, 54.

[3] 汤关祚，招炳泉，竺惠仙，等. 钢管混凝土基本力学性能的研究 [J]. 建筑结构学报，1982，3 (1)：13-31.

[4] 钟善桐. 钢管混凝土统一理论：研究与应用 [M]. 北京：清华大学出版社，2006.

[5] Fukumoto T，Morita K. Elastoplastic Behavior of Panel Zone in Steel Beam-to-Concrete Filled Steel Tube Column Moment Connections [J]. Journal of Structural Engineering，2005，131 (12)：1841-1853.

[6] Nishiyama I，Fujimoto T，Fukumoto T，et al. Inelastic Force-Deformation Response of Joint Shear Panels in Beam-Column Moment Connections to Concrete-Filled Tubes [J]. Journal of Structural Engineering，2004，130 (2)：244-252.

[7] 刘记雄. T 形钢管混凝土组合柱-钢筋混凝土梁边节点抗震性能研究 [D]. 武汉：武汉理工大学，2015.

[8] 陈茜. 矩形钢管混凝土异形柱-钢梁框架节点抗震性能及承载力计算 [M]. 北京：中国建筑工业出版社，2014.